工作导向创新实践教材

小型嵌入式产品开发

主　编　刘　锰　谭立新　刘海妹
副主编　汪淼湘　黄秀亮　孙小进　龙　凯

合肥工業大學出版社

前　言

随着信息化、智能化、网络化的发展，嵌入式技术将全方面展开，已成为通信和消费类产品的发展方向。嵌入式系统分别在硬件和软件（主要是嵌入式操作系统）方面获得发展，已成为IT界的又一焦点，研发自主知识产权的嵌入式处理器和嵌入式操作系统，对于我们国家的民族IT产业具有十分重要的战略意义。

通用计算机工业的基础被认为是由Wintel（Microsoft和Intel在20世纪90年代初建立的联盟）垄断的工业，而嵌入式系统是分散的工业，充满了竞争、机遇和创新，嵌入式系统领域的产品和技术，留给各个行业的中小规模高技术公司的创新余地非常大，各个应用领域不断向前发展，其中的嵌入式处理器核心也同步发展，构成了推动嵌入式工业发展的强大动力。

PC行业	硬件	80％采用Intel的80X86体系结构，芯片基本采用Intel、AMD、Cyrix等几家公司
	软件	Microsoft的Windows及Word占领了大约80％～90％的市场份额
嵌入式行业	硬件	嵌入式处理器70％～80％采用ARM体系结构，其他的还有MIPS、PowerPC、SH等
	软件	根据美国VDC统计数据显示，未来两年将占嵌入式操作系统市场份额的50％

Linux开放原始码及其模块化的设计，为用户提供了极大限度的可缩放功能。嵌入式Linux操作系统以价格低廉、功能强大又易于移植的优势被广泛采用，成为新兴的力量，以Linux为代表的免费软件开始占领比较大的市场，嵌入式操作系统及其研发平台的市场被普及计算（Pervasive—Computing）概念所驱动，发展更为迅速，嵌入式CPU是嵌入式系统的核心，拥有自己的嵌入式CPU和支撑硬件是发展自主产权嵌入式系统的前提和基础。操作系统是软件产业的基础和龙头，它能左右软件产业的发展方向，是世界软件产业最大的利润来源。研制自主版权的嵌入式操作系统意义重大，它可使中国的IT行业真正走向成熟和自立。

以ARM为核心的硬件平台开发小型机器人，具有体积小、低功耗、低成本、高性能等优势，同时配以以嵌入式Linux为代表的免费软件开发小型机器人，一是不需要任何的许可证或商家的合作关系，源代码可以免费获得，这使得采用Linux作为操作系统不会遇到任何关于版权的纠纷；二是标准平台上的移植加快了软件与硬件的开发过程，并且开发人员可以对操作系统进行定制，适应其特殊需要，这对于经费、时间受限制的研究与开发项目是很有吸引力的。以ARM和嵌入式Linux开发小型机器人代表了嵌入式技术的基本技术，也是通信和消费类电子产品的典型代表，符合高职高专院校教学改革的需求以及人才培养定位和发展趋势。

现有高职院校的专业教材很多都是按照知识体系编写的，重理论、轻实践，重原理、轻应用或者根本与实践无关。学生学习了一个学期，不知道这个知识在实践中有什么作用，为什么要学习，与今后的工作有什么联系，以及如何应用等。本书探索了回归工程教学的教材编写思路，要求是按照项目设计制作或者工作过程展开，将学科知识融入项目或者产品的制作过程中，回归到人类认识自然的本原方式，典型工程案例的实践过程按照“项目驱动”的模式组织，通过“实践—归纳—推理—再实践”这一螺旋式上升的方法获取系统的科学知识和实践技能，回归到科学知识和实践技能获取的自然过程，并将企业的考核体系融入教学考核评价中。将嵌入式智能小车作为典型工程案例编写教材，培养学生职业能力，这是本书的主要探索，也是本书的主要特色。教材每个项目主要包括以下几个组成部分。

① 项目描述。介绍该项目的工程实践应用与技术要求及其实现的主要技术关键；介绍案例与课程的联系与技术要点及职业要求。

② 教学目标。从知识、能力、态度等方面介绍各项目的教学目标，包括方法能力、专业能力、社会能力以及团队合作等。

③ 知识准备。实现项目设计制作所必需的知识，不求知识的完整性与全面性，以“必需、够用”为度。

④ 任务实现。任务实现所需的材料、场地、技术资料、实现的步骤、相关的技术要求、现场要求、工艺与技术文件的撰写等。

⑤ 任务练习。让学生学会触类旁通、举一反三，学生知识的迁移，技能的强化，职业能力的拓展等。同时也对学生作品进行质量评价、技术评价、职业素养评价、完成过程评价。

本书由工业和信息产业职业教育教学指导委员会电子信息类专业教学指导委员会副主任委员、湖南省电子学会主席、湖南省高等学校教学名师、湖南信息职业技术学院电子工程学院院长主任谭立新教授提出编写的基本思路；湖南信息职业技术学院电子工程学院刘锰讲师任主编，参与开发了嵌入式智能小车的技术工作，整理了嵌入式智能小车的技术资料，撰写了项目5、项目6、项目7、项目8、项目9和项目10，并进行了统稿工作；湖南安全技术职院刘海妹讲师主要参与了嵌入式智能小车的技术开发工作，并撰写了项目3、项目4；湖南信息职业技术学院电子工程学院教研室主任孙小进高级实验师、湖南信息职业技术学院电子工程学院实验室主任黄秀亮高级实验师、湖南信息职业技术学院电子工程学院龙凯讲师和湖南信息职业技术学院计算机工程学院汪森湘讲师共同撰写了项目1、项目2、附录A、附录B和附录C。

《小型嵌入式产品开发》是典型的嵌入式教材，可以作为嵌入式系统工程、应用电子技术、电子信息工程技术、电子工艺与管理、电子设备与运行管理、玩具设计与制作等专业的教材，也可供嵌入式领域的科研和工程技术人员参考使用。

本书共分为三部分，各部分内容如下。

第一部分，Linux基础及环境搭建。从Linux的安装过程、基本操作命令开始，系统地介绍了嵌入式 Linux 的环境搭建，为 Linux 初学者能够快速入门提供了保证。

第二部分，ARM 开发板硬件基础。结合 ARM 开发板硬件的具体实验介绍嵌入式 Linux 的 I/O 与文件系统的开发、进程控制开发、进程间通信开发、网络应用开发、基于中断的开发、设备驱动程序的开发，以及嵌入式图形界面的开发等，使读者能够边学边用，更快更好地学会 ARM 开发板的应用。

第三部分，嵌入式 Linux 的应用开发。根据典型工程项目及具体外设介绍嵌入式小型机器人的运动、通信及控制等功能的实现，使读者能够边学边用，更快更好地掌握所学知识，并能灵活应用。

《小型嵌入式产品开发》主要得到了以下基金项目的资助：基于机器人技术应用的高职大学生创新创业研究与实践（XJK016BZY029）；本书选取的典型工程项目——嵌入式探月小车控制软件 V1. 0 版已获计算机软件著作权（登记号：2010SR069123）。

《小型嵌入式产品开发》得到了工业和信息产业职业教育教学指导委员会、湖南省电子学会指导与大力支持，同时也凝聚了湖南省众多兄弟院校的支持与帮助。在此一并表示感谢！

编　者

于湘江之滨

2018 年 1 月 5 日

目　录

项目 1　软件环境搭建与 Linux 命令

1.1　项目描述

本项目的主要学习内容包括：安装 VMware 虚拟机软件，并在 VMware 虚拟机上安装 RedHat Linux 操作系统和掌握 Linux 的常用命令。

1.2　教学目标

通过此项目让学生学会如何安装和配置 VMware 软件，以及如何在 VMware 软件上安装 RedHat Linux 操作系统，利用 Linux 常用命令管理和使用 Linux 操作系统。提高学生的实际动手能力，为之后操作管理 Linux 操作系统打下良好基础。

1.3　知识准备

1.3.1　VMware Workstation 介绍

VMware Workstation 是 VMware 公司销售的商业软件产品之一。该工作站软件包含一个用于英特尔 X86 相容电脑的虚拟机套装，其允许用户同时创建和运行多个 X86 虚拟机。每个虚拟机实例可以运行其自己的客户机操作系统，如 Windows、Linux 等。用简单术语来描述就是，VMware 工作站允许一台真实的电脑在一个操作系统中同时开启并运行数个操作系统。其他 VMware 产品帮助在多个宿主电脑之间管理或移植

VMware 虚拟机。

使用虚拟机时运行在主机上的各个操作系统完全独立，虚拟机里面的所有操作不会影响主机，使用户可以在多个不同操作系统中自由切换，方便开发人员用来测试或实验。

1.3.2 Linux 简介

Linux 是一套免费使用和自由传播的类 Unix 操作系统，是一个基于 Posix 和 Unix 的多用户、多任务、支持多线程和多 CPU 的操作系统，并能运行主要的 UNIX 工具软件、应用程序和网络协议。支持 32 位和 64 位硬件。Linux 继承了 Unix 以网络为核心的设计思想，是一个性能稳定的多用户网络操作系统。

Linux 操作系统诞生于 1991 年 10 月 5 日。Linux 存在着许多不同的版本，但它们都使用了 Linux 内核。Linux 可安装在各种计算机硬件设备中，比如手机、平板电脑、路由器、视频游戏控制台、台式计算机、大型机和超级计算机。

严格来讲，Linux 这个词本身只表示 Linux 内核，但实际上人们已经习惯了用 Linux 来形容整个基于 Linux 内核，并且使用 GNU 工程各种工具和数据库的操作系统。

1.3.3 Linux 文件系统简介

Linux 文件系统是数据的集合，文件系统不仅包含着文件中的数据而且还有文件系统的结构，所有 Linux 用户和程序看到的文件、目录、软连接及文件保护信息等都存储在其中。

1.3.4 Linux 命令简介

Linux 命令是对 Linux 系统进行管理的命令。对于 Linux 系统来说，无论是中央处理器、内存、磁盘驱动器、键盘、鼠标，还是用户等都是文件，Linux 系统管理的命令是它正常运行的核心，与之前的 DOS 命令类似。Linux 命令在系统中有两种类型：内置 shell 命令和 Linux 命令。

1.3.5 vi 简介

vi 编辑器是 Linux 和 Unix 上最基本的文本编辑器，工作在字符模式下。由于不需要图形界面，vi 是效率很高的文本编辑器。尽管在 Linux 上也有很多图形界面的编辑器可用，但 vi 在系统和服务器管理中的功能是那些图形编辑器所无法比拟的。

1.4 任务实现

1.4.1 安装 VMware Workstation

（1）双击安装程序，进入 VMware Workstation 安装向导界面，如图 1－1 所示。

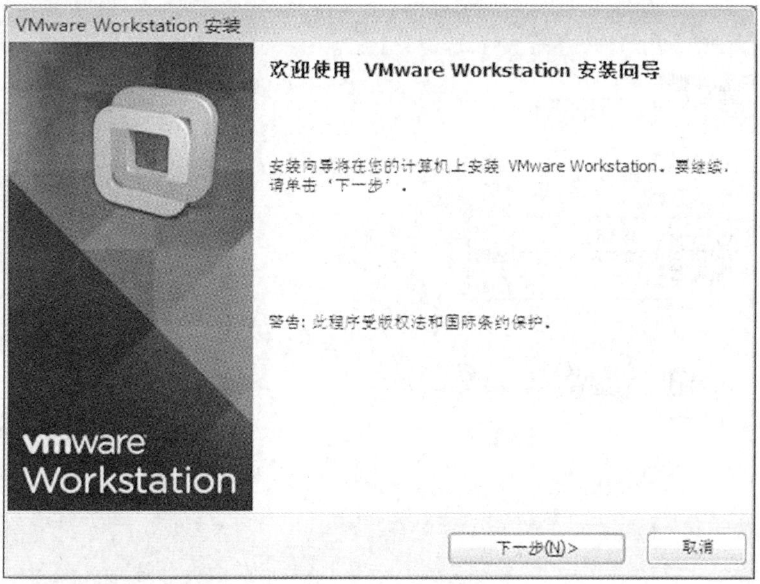

图 1-1　VMware Workstation 安装向导界面

（2）选择“我接受许可协议中的条款”，如图 1-2 所示。

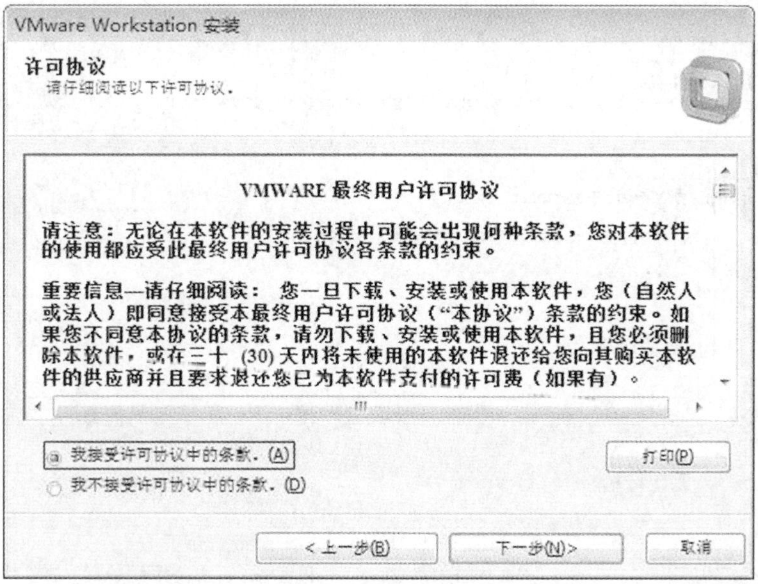

图 1-2　VMware Workstation 许可协议选择界面

（3）选择设置类型，单击“典型”，如图 1-3 所示。

（4）单击“下一步”按钮，将 VMware Workstation 安装在默认的路径下，如图 1-4所示。

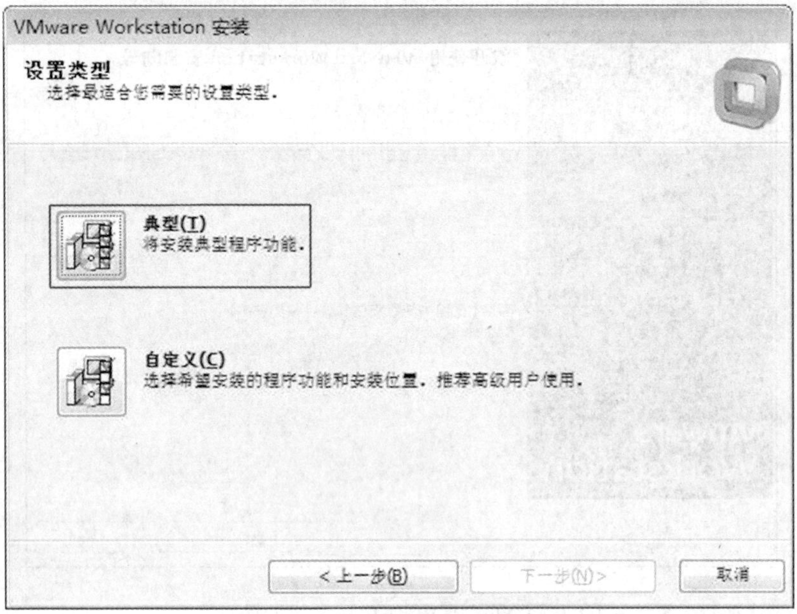

图 1－3　设置类型选择界面

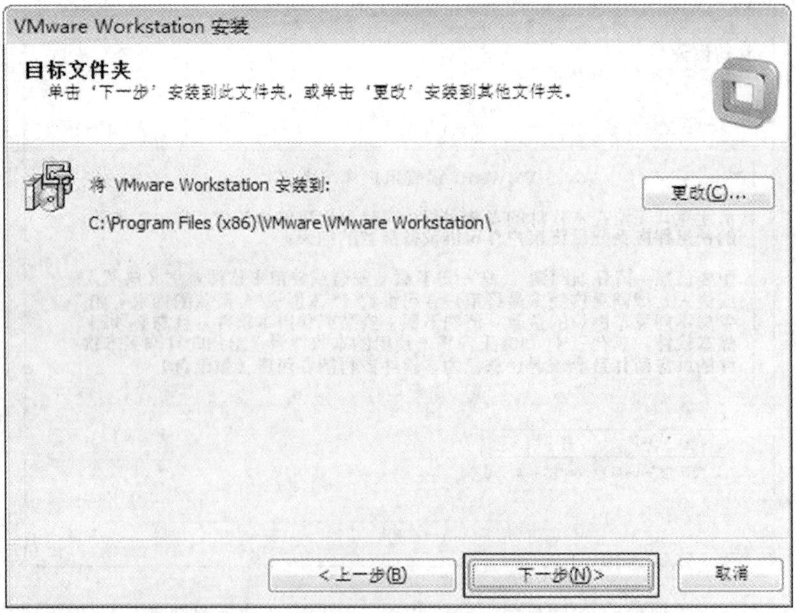

图 1－4　VMware Workstation 安装路径选择界面

（5）点击“启动时检查产品更新”前的方框，取消勾选，然后点击“下一步”，如图 1－5 所示。

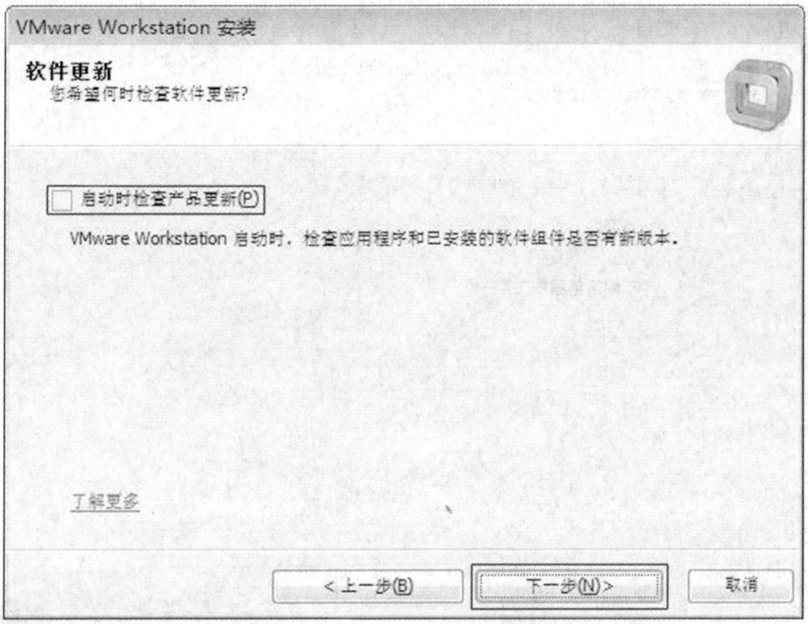

图 1-5　软件更新检查设置界面

(6) 选择是否向 VMware 发送反馈，单击“下一步”，如图 1-6 所示。

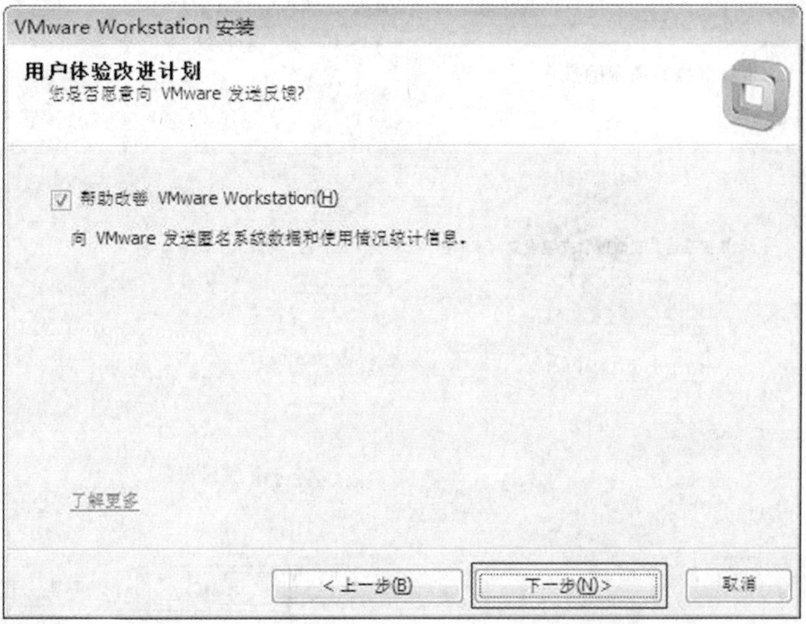

图 1-6　选择是否向 VMware 发送反馈界面

(7) 默认在桌面与开始菜单创建快捷方式，点击“下一步”，如图 1-7 所示。

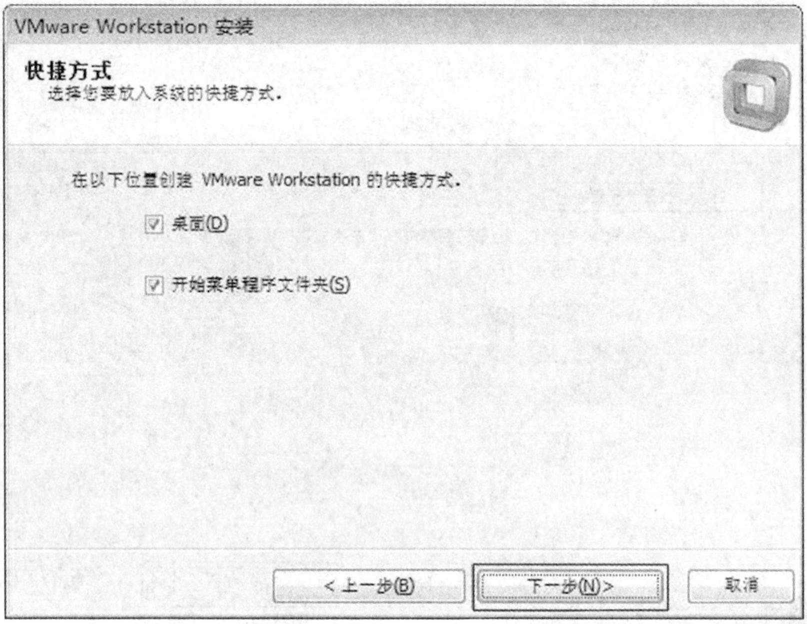

图 1-7　选择创建快捷方式的位置界面

（8）确认安装设置，点击“继续”，等待安装完成，如图 1-8 所示。

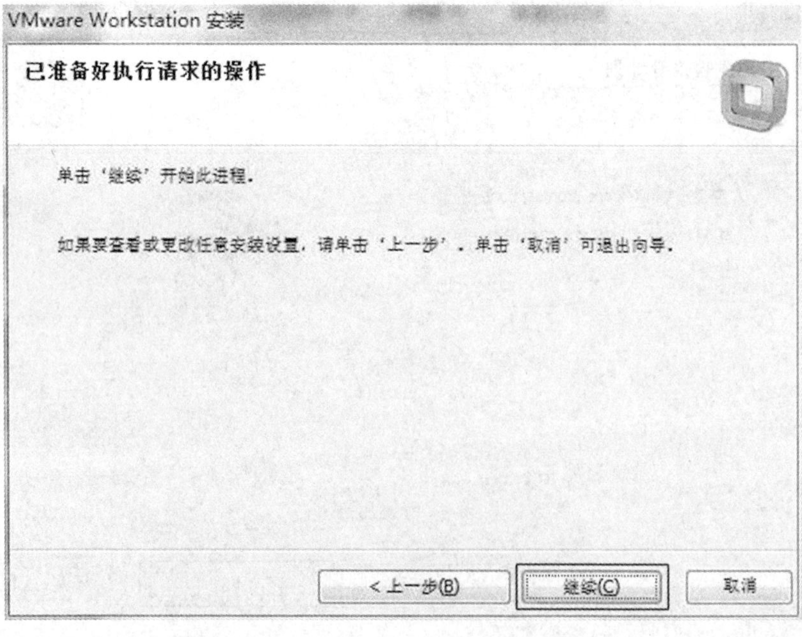

图 1-8　确认安装设置界面

（9）输入许可证密钥，此步骤跳过，单击“跳过”，如图 1-9 所示。

图 1-9　输入许可证密钥界面

（10）安装向导提示安装成功，单击“完成”退出安装向导，如图 1-10 所示。

图 1-10　安装完成界面

1.4.2　在虚拟机上安装 RedHat Linux 操作系统

虚拟机上安装 RedHat Linux 操作系统需以下几个步骤。

（1）建好虚拟机运行环境后双击虚拟机软件的快捷方式，出现 VMware Workstation 启动界面，如图 1-11 所示。

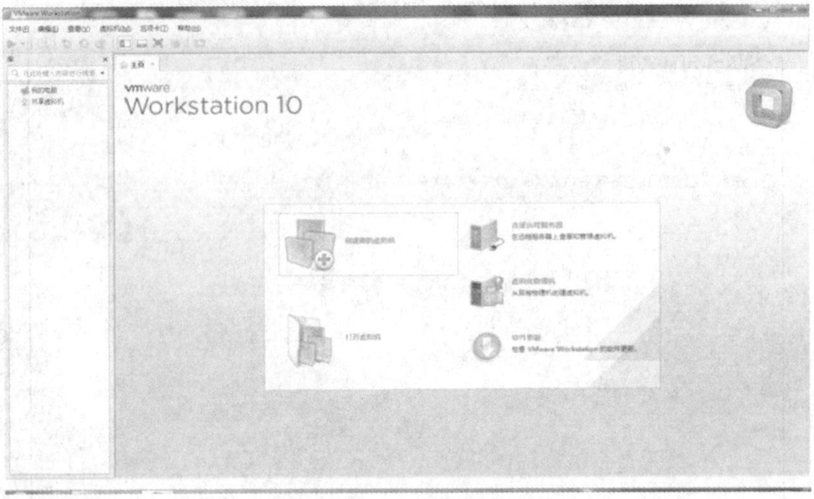

图 1-11　VMware Workstation 启动界面

（2）单击创建新的虚拟机，如图 1-11 所示。出现安装向导界面，选择使用推荐的典型安装，如图 1-12 所示。单击“下一步”按钮，出现指定安装文件路径界面，单击“浏览”按钮，找到下载的 RedHat Linux 的 ISO 安装文件，界面如图 1-13 所示。单击“下一步”按钮，出现操作系统类型选择界面，这里根据要求选择 Linux 系统，在版本下拉菜单中选中 RedHat Linux 版本，如图 1-14 所示。

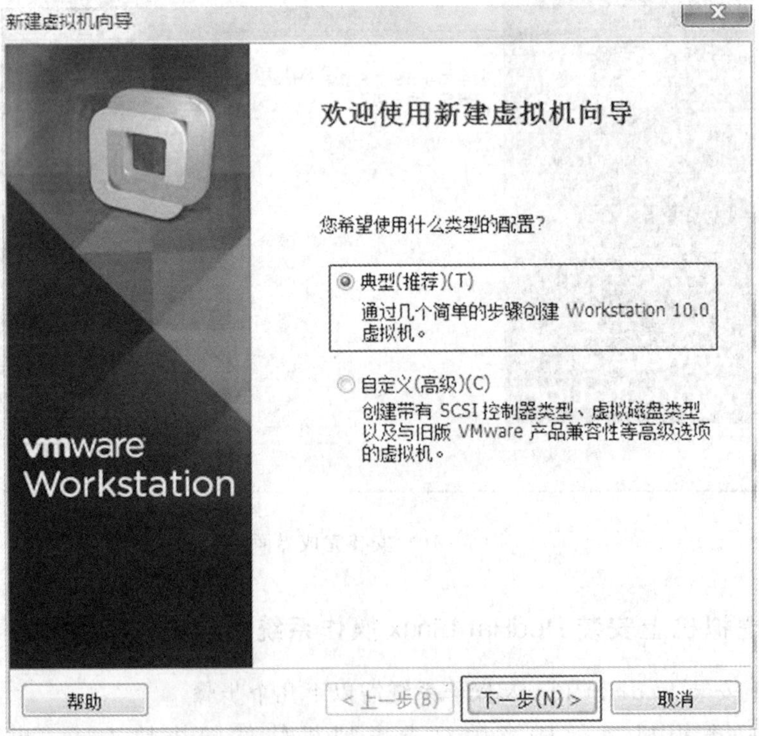

图 1-12　VMware Workstation 虚拟操作系统安装类型选择对话框

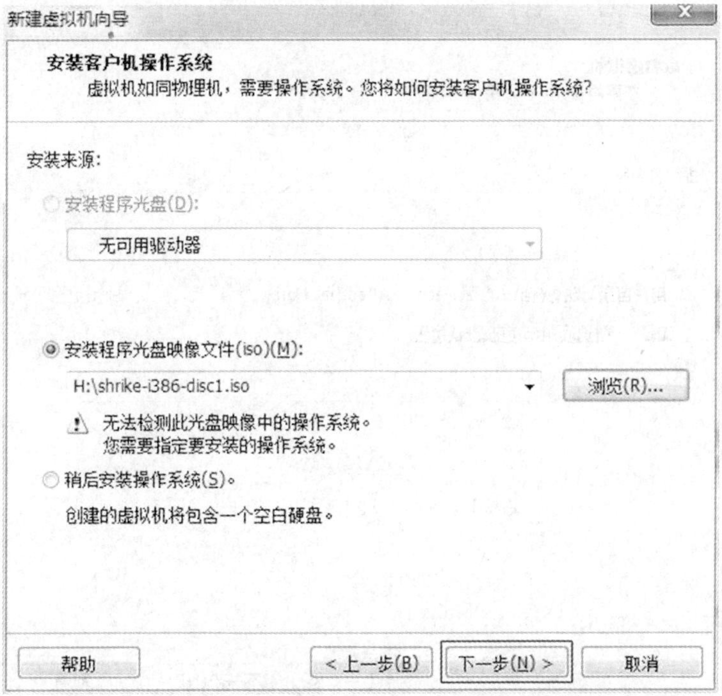

图 1－13　安装 RedHat Linux 的 ISO 映像文件选择界面

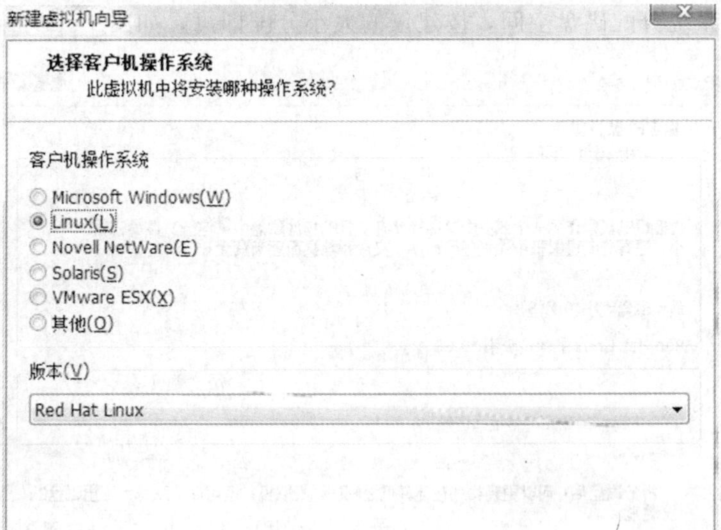

图 1－14　操作系统类型选择界面

(3) 出现选择操作系统安装目录界面，选择安装目录，单击选择路径按键，并在弹出的提示框中选择安装存放路径，如图 1－15 所示。

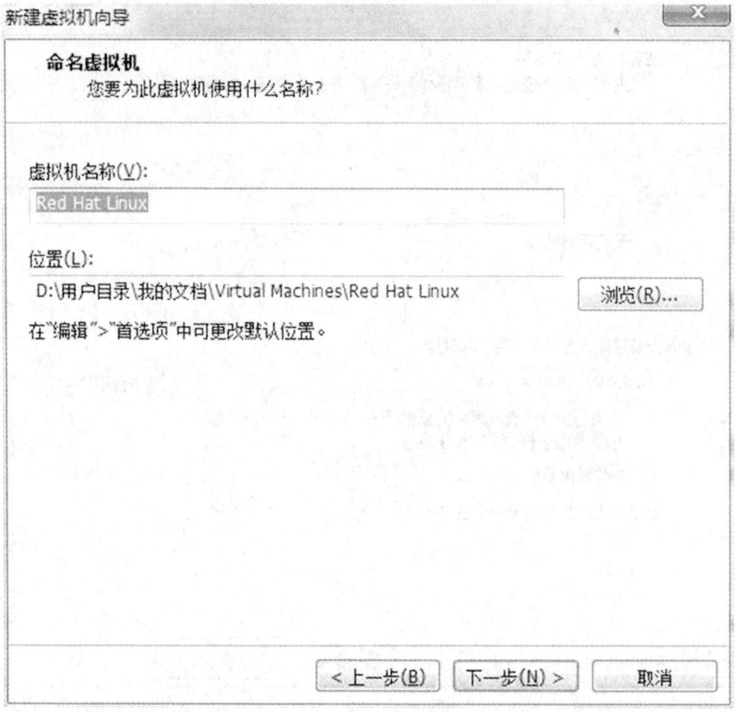

图 1 - 15　虚拟操作系统安装位置选择界面

（4）给新系统分配磁盘空间，按建议的大小分配即可，如图 1 - 16 所示。

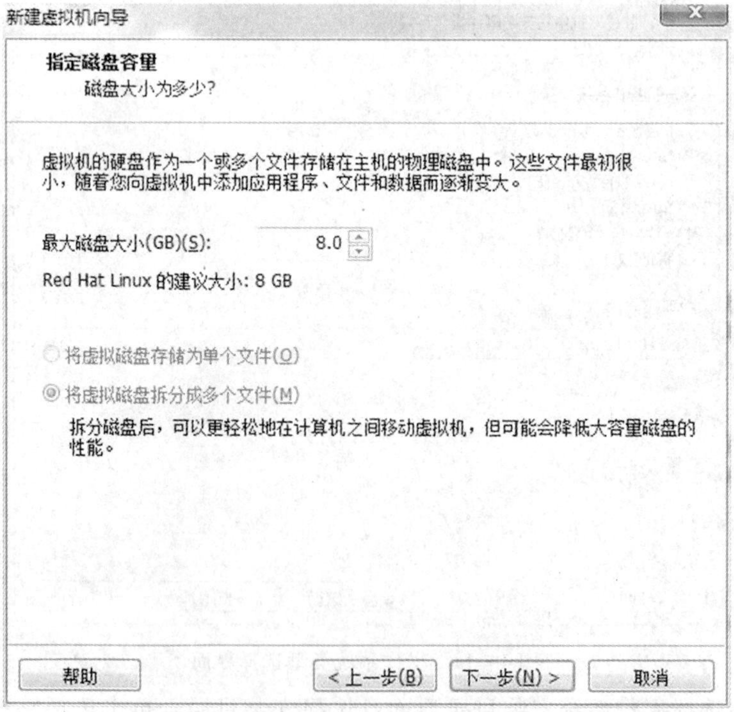

图 1 - 16　虚拟磁盘容量设置界面

（5）单击“下一步”按钮，出现创建信息提示界面，直接单击“完成”按钮，如图 1－17 所示。如果想改动某些信息，单击“上一步”按钮返回上一步操作。

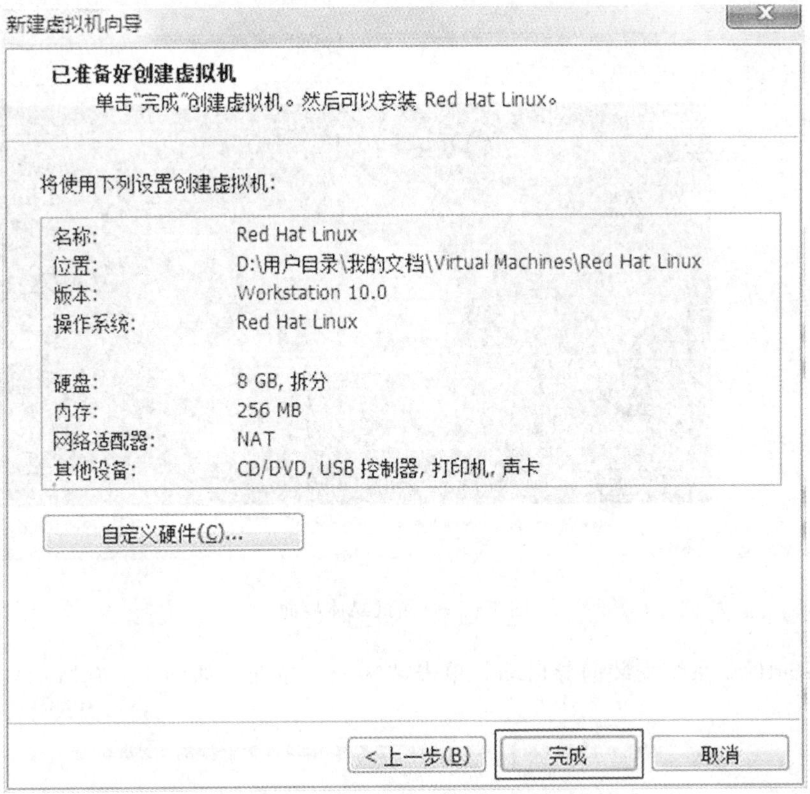

图 1－17　创建信息提示界面

（6）此时，新的虚拟机内运行的系统安装完毕。下面配置新系统，如图 1－18 所示。

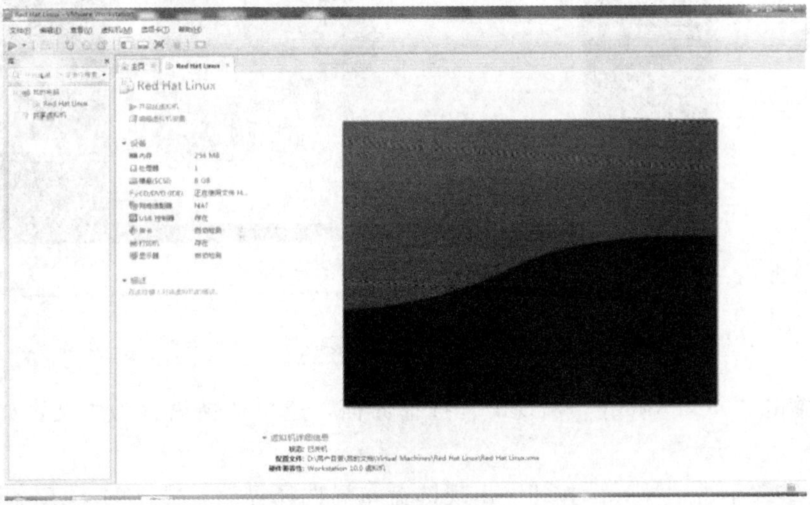

图 1－18　系统安装完毕界面

(7) 单击“开启此虚拟机”按钮，出现测试媒体界面，在测试媒体界面单击“Skip”按钮，选择跳过（不跳过也可以，但是比较慢），如图 1-19 所示。

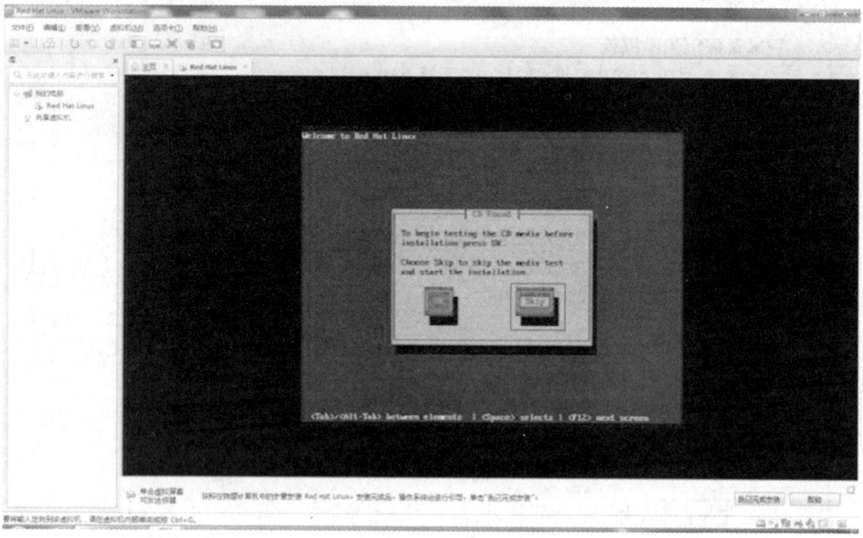

图 1-19　测试媒体界面

(8) RadHat 系统安装向导启动，单击“Next”按钮，如图 1-20 所示。

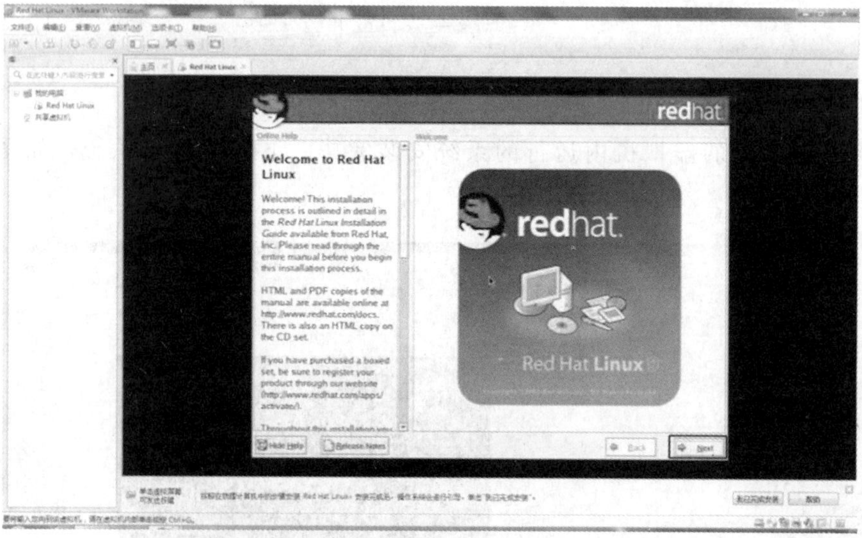

图 1-20　系统安装向导

(9) 单击“Next”按钮，出现语言选择界面，这里选择语言为中文，如图 1-21 所示。

(10) 继续单击“Next”按钮，出现键盘布局选择界面，选择 U. S. English，如图 1-22 所示。

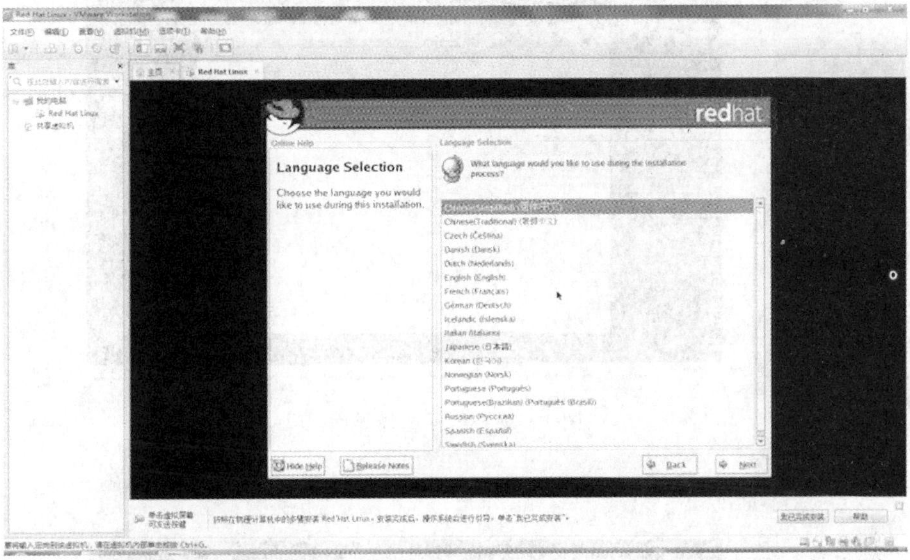

图 1-21　RedHat Linux 操作系统语言选择界面

图 1-22　键盘布局选择界面

（11）单击“下一步”按钮，出现鼠标选择界面，根据实际使用的鼠标进行选择，如图 1-23 所示。这一步如果选择的不对，下一步就无法使用鼠标，只能同时按 Ctrl 键与 Alt 键让鼠标回到 Windows，然后选择重启虚拟机，重新开始配置。

（12）单击“下一步”按钮，出现安装类型界面，选择个人桌面，如图 1-24 所示。

图 1-23 鼠标选择界面

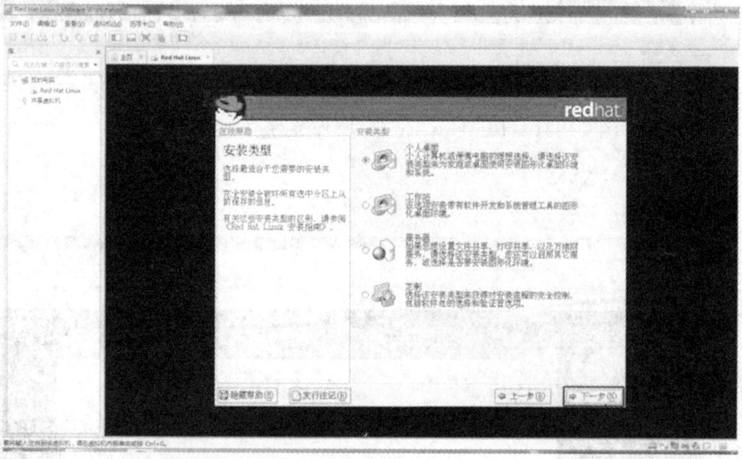

图 1-24 RedHat Linux 操作系统安装类型界面

（13）单击“下一步”按钮，出现磁盘划分界面，选择自动分区，如图 1-25 所示。

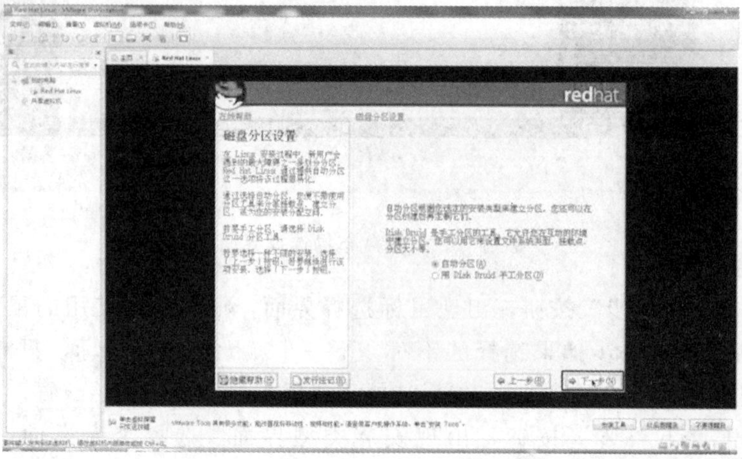

图 1-25 RedHat Linux 操作系统磁盘分界面

（14）单击“下一步”按钮，出现警告界面，选择“是”，如图1-26所示。

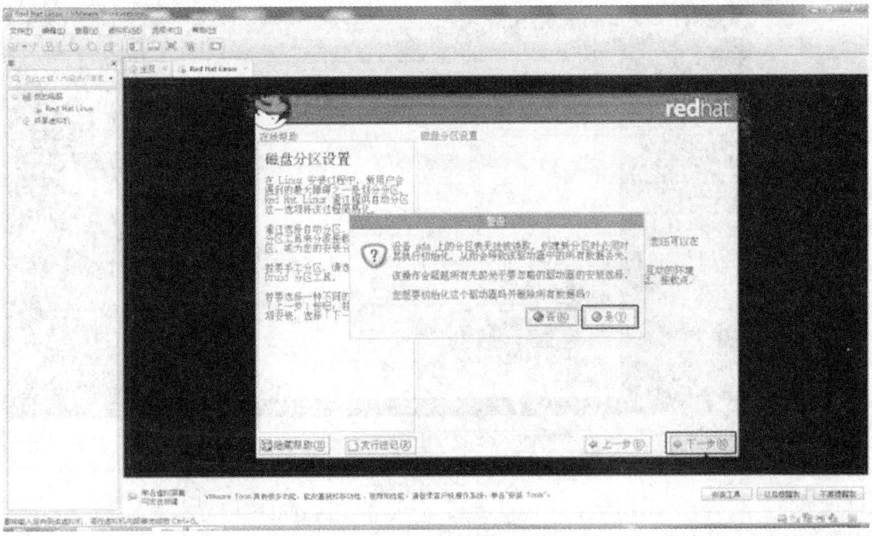

图1-26 创建分区警告界面

（15）此时出现划分磁盘分区界面，这里有3种选择，分别是在系统中移除所有Linux分区、在系统中移除所有分区和保持系统中分区并使用存在的可用空间。选择默认选项（移除所有存在的Linux分区并建立新的分区）并点击“下一步”按钮，如图1-27所示。

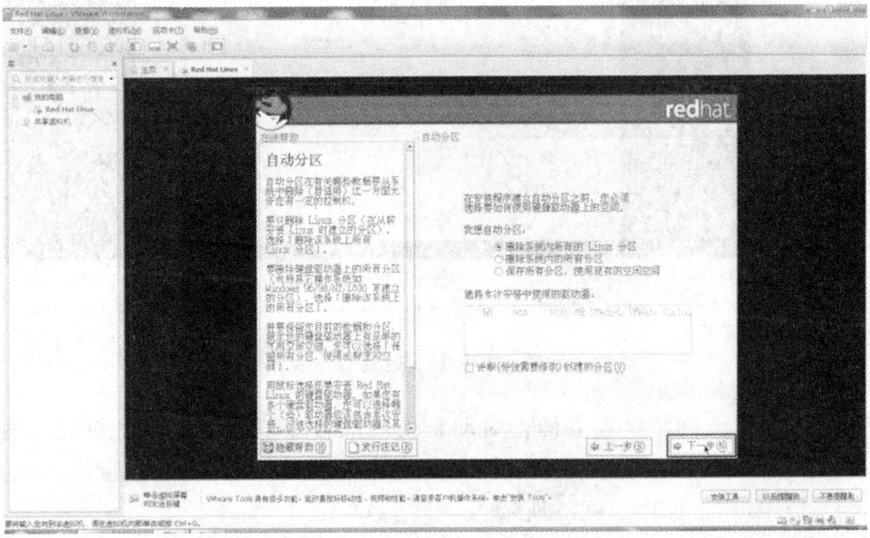

图1-27 磁盘分区自动分区界面

（16）再次确认执行分区操作，选择“是”，如图1-28所示。

（17）配置引导装载程序，使用默认设置，点击“下一步”按钮，如图1-29所示。

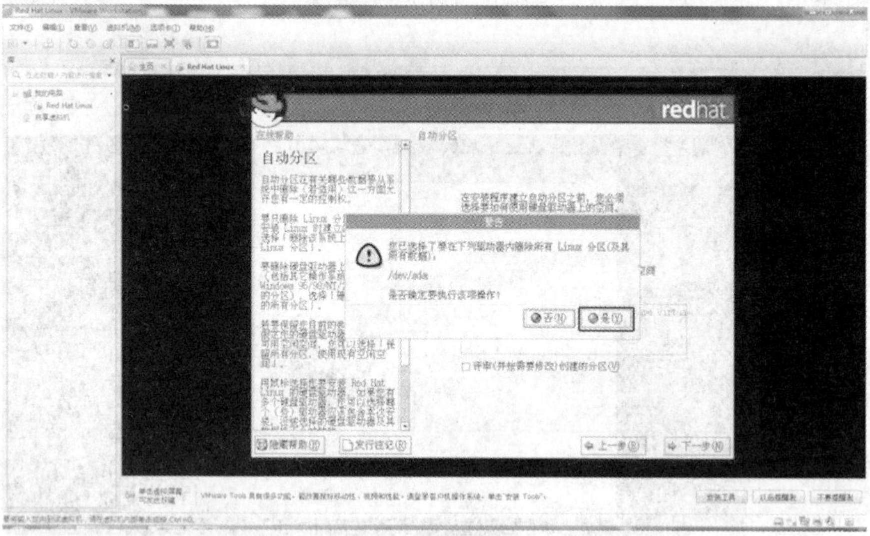

图 1 - 28　执行分区操作再次确认界面

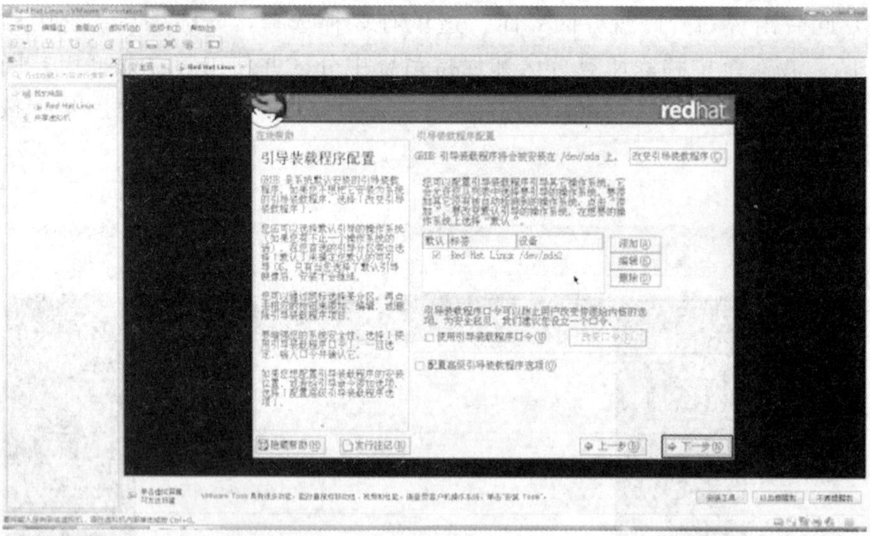

图 1 - 29　配置引导装载程序界面

（18）接下来进入网络设置界面，对动态主机配置协议内容不过多讲述（有兴趣的同学可以自学 TCP/IP，因为它是 TCP/IP 协议簇中的一种），这里直接选择默认选项，单击“下一步”按钮，如图 1 - 30 所示。

（19）进入网络类型选项界面，直接选择默认选项，单击“下一步”按钮，如图1 - 31 所示。

（20）选择下一步后进入额外语言添加界面，也是直接选择默认选项，单击“下一步”按钮，如图 1 - 32 所示。

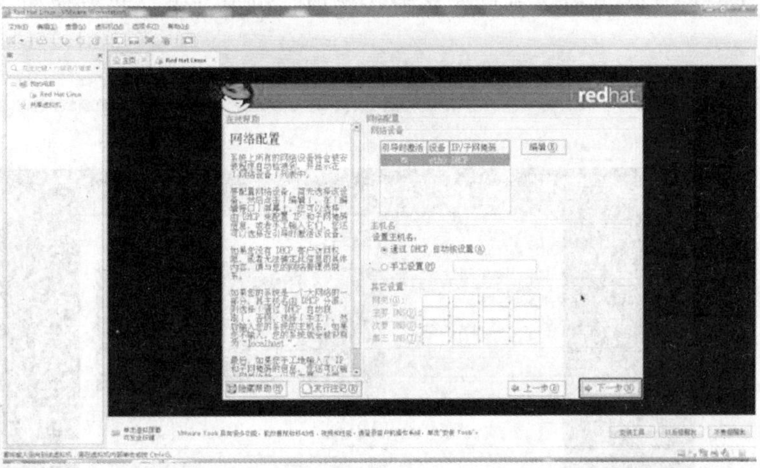

图 1 - 30　网络设置界面

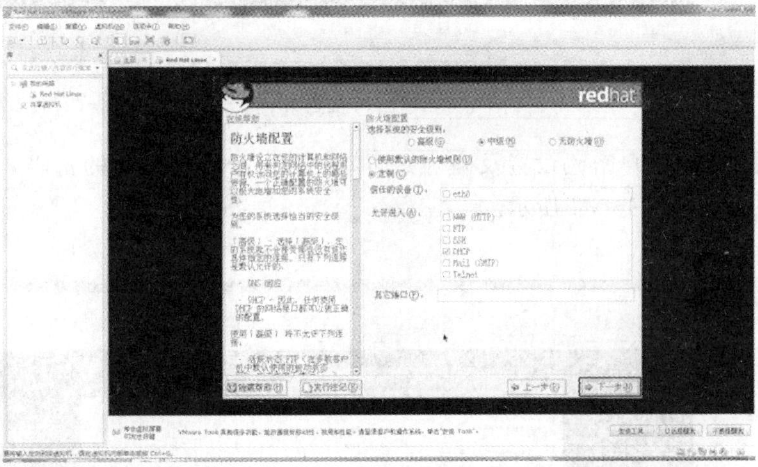

图 1 - 31　网络类型选项界面

图 1 - 32　额外语言添加界面

（21）进入时区选择界面，直接选择默认选项，单击“下一步”按钮，如图 1 - 33 所示。

图 1 - 33　时区选择界面

（22）此时进入用户密码设置及确认界面，设置一个自己熟悉的密码，完毕后单击“下一步”按钮，如图 1 - 34 所示。

图 1 - 34　用户密码设置及确认界面

（23）个人桌面的默认设置，单击“下一步”按钮，如图 1 - 35 所示。

（24）这样，我们就配置好了安装选项，正式进入系统安装界面，单击“下一步”按钮，引导程序就会根据先前的配置安装系统，如图 1 - 36 所示。

（25）安装进度界面，稍微等一下，如图 1 - 37 所示。

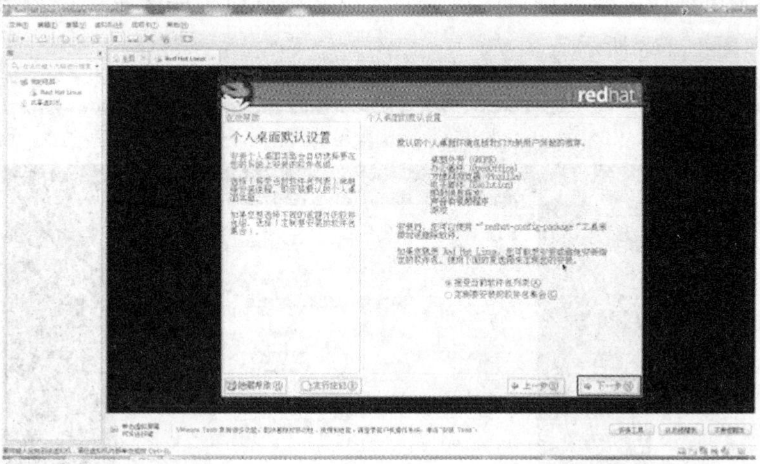

图 1-35　个人桌面的默认设置界面

图 1-36　安装设置确认界面

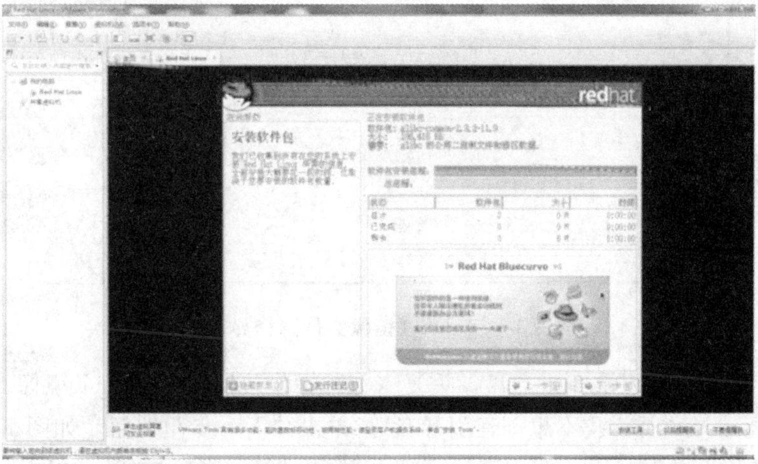

图 1-37　安装进度界面

（26）第 1 个镜像安装完毕后，提示插入第 2 张光盘，安装第 2 个镜像，单击“确定”按钮，如图 1－38 所示。

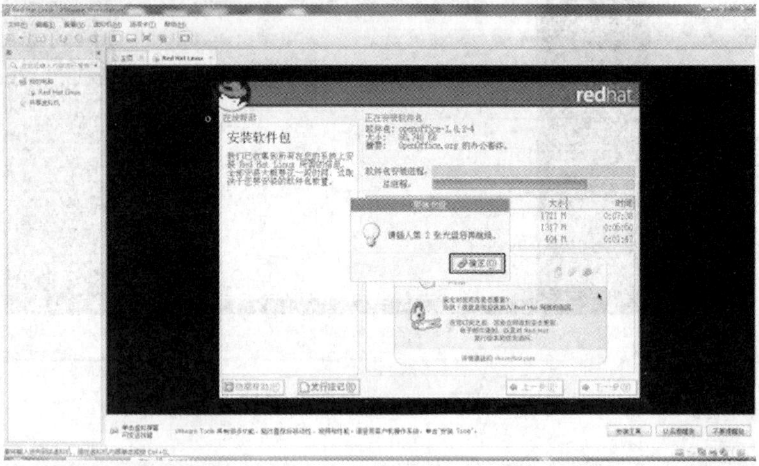

图 1－38　提示更换镜像文件界面

（27）单击图 1－35 中右下角光盘样式的图标即可弹出 ISO 镜像文件选择界面，如图 1－39 所示。

图 1－39　ISO 镜像文件选择界面

（28）稍后提示插入第 3 张光盘，重复（26）操作，安装好第 3 个镜像。然后出现引导盘创建界面选择“否，我不想创建引导盘”，单击“下一步”按钮，如图 1－40 所示。

（29）图形化界面配置，使用默认配置，单击“下一步”按钮，如图 1－41 所示。

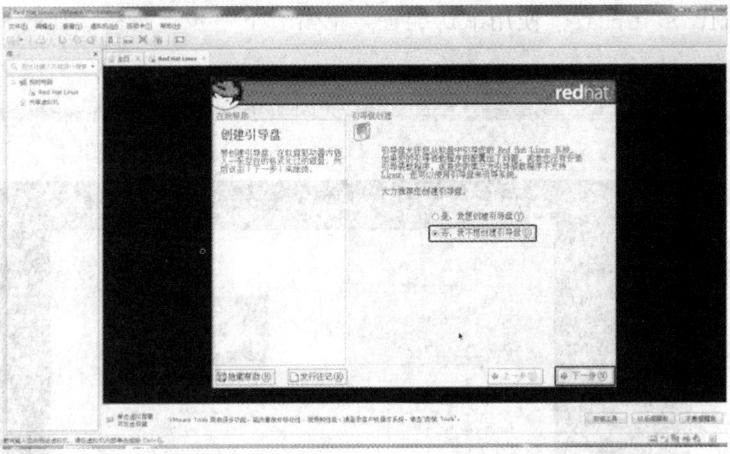

图 1 - 40　引导盘创建界面

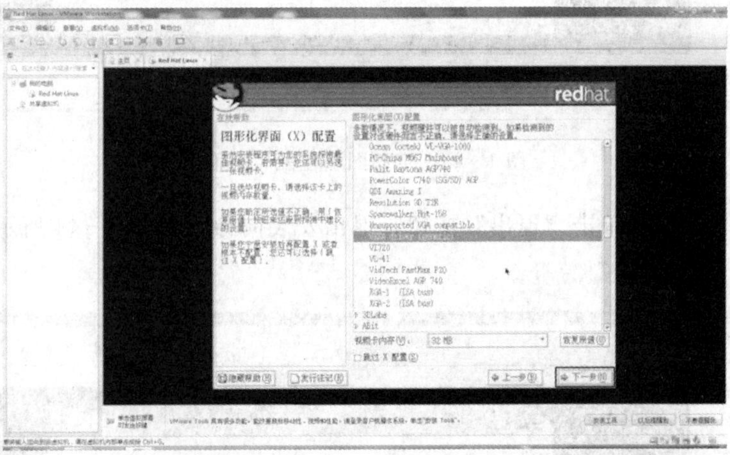

图 1 - 41　图形化界面配置界面

（30）显示器配置，使用默认配置，单击“下一步”按钮，如图 1 - 42 所示。

图 1 - 42　显示器配置界面

（31）定制图形化配置，使用默认配置，单击“下一步”按钮，如图 1-43 所示。

图 1-43　定制图形化配置界面

（32）安装完成，单击“退出”按钮，退出安装向导，如图 1-44 所示。

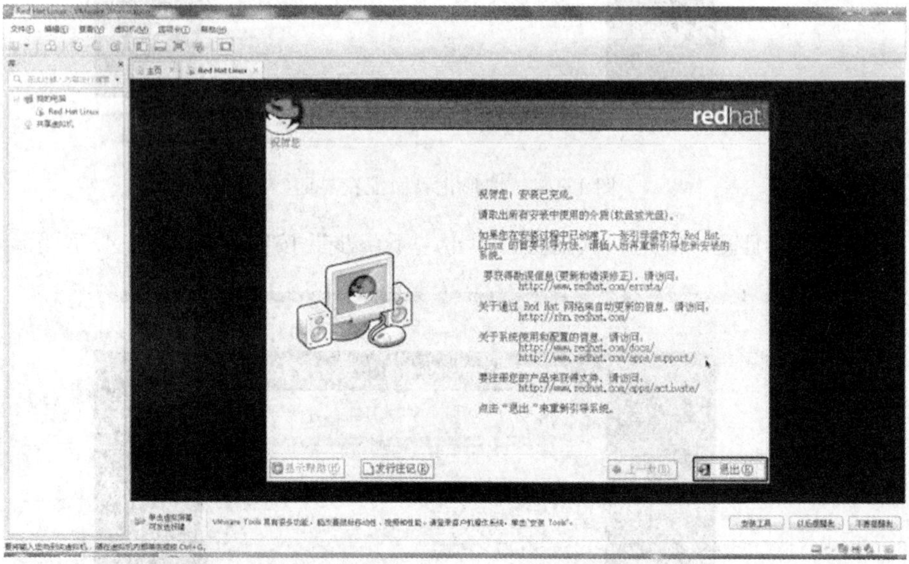

图 1-44　安装完成界面

（33）进入设置向导，单击“前进”按钮继续设置，如图 1-45 所示。

（34）创建用户账户，设置账号密码，单击“前进”按钮，如图 1-46 所示。

（35）设置时间日期，如图 1-47 所示。

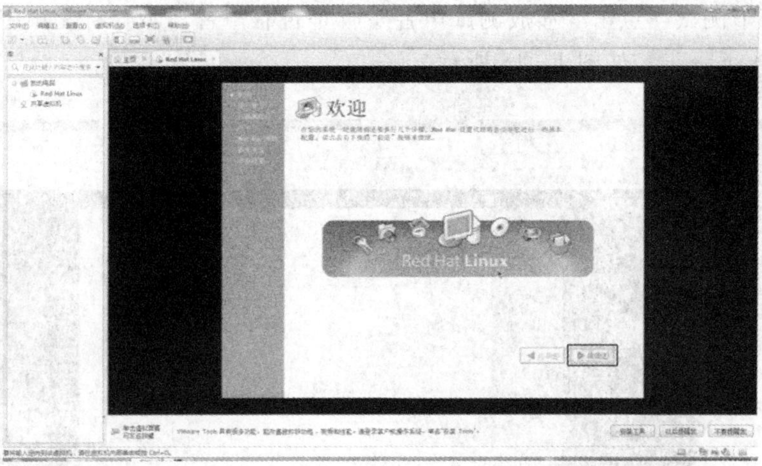

图 1－45　设置向导欢迎界面

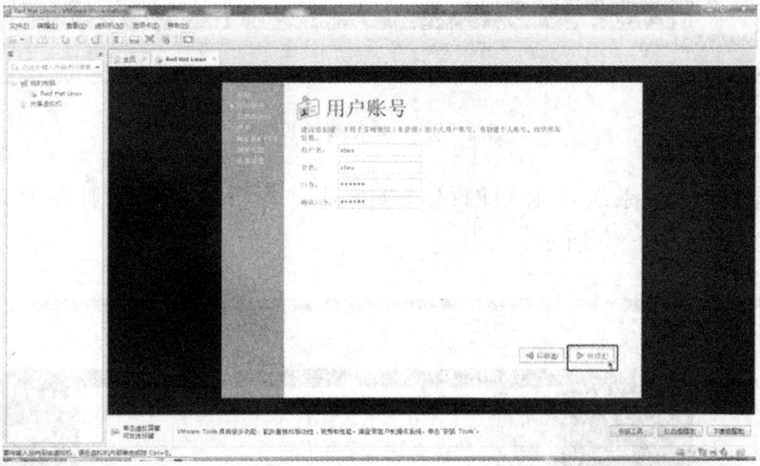

图 1－46　用户账户创建界面

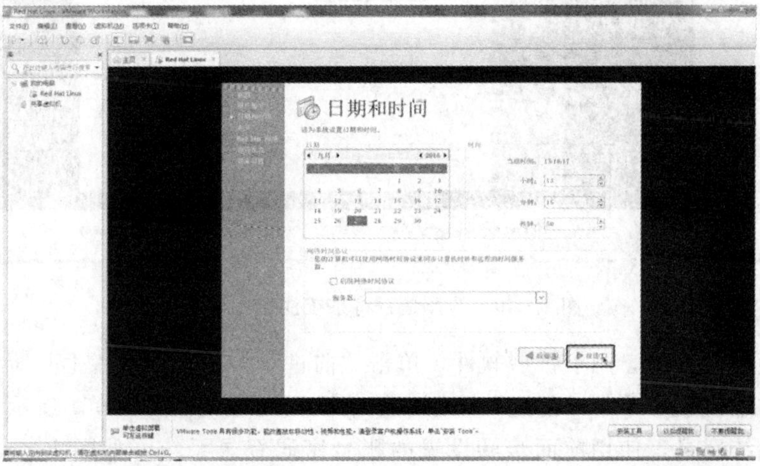

图 1－47　时间日期设置界面

(36) 声卡测试，点击“播放测试声音”听是否有声音，不管有无声音，单击“前进”按钮进入下一步，如图 1-48 所示。

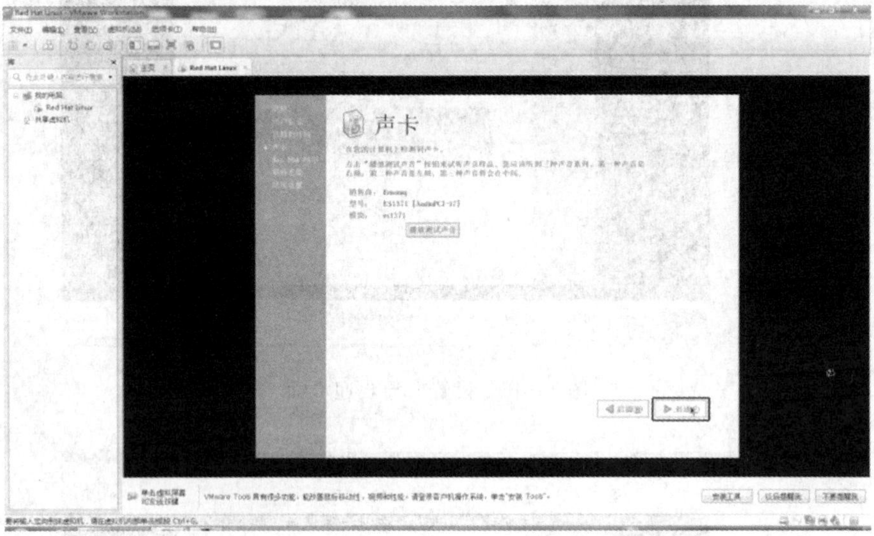

图 1-48　声卡测试界面

(37) 选择是否将系统注册到网络，这里选“否，我不想注册我的系统”，单击“前进”按钮，如图 1-49 所示。

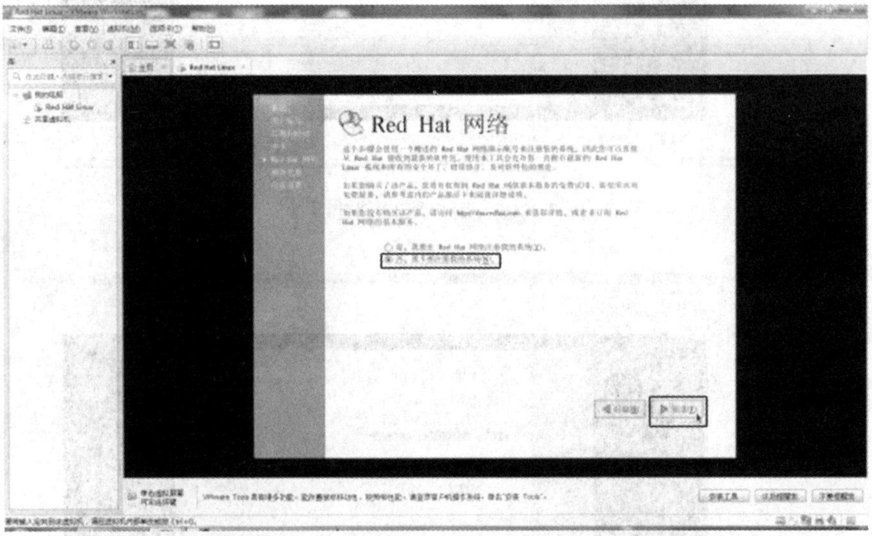

图 1-49　选择是否将系统注册到网络

(38) 额外的光盘，用于扩展软件，单击“前进”按钮，如图 1-50 所示。

(39) 结束设置，单击“前进”按钮来结束设置向导，如图 1-51 所示。

(40) 系统登录，使用前面步骤设置的账号密码登录系统，如图 1-52、图 1-53 所示。

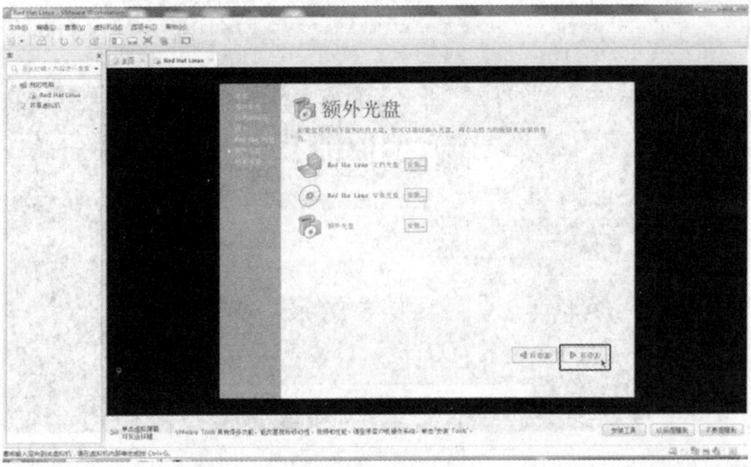

图 1－50　通过额外的光盘安装软件

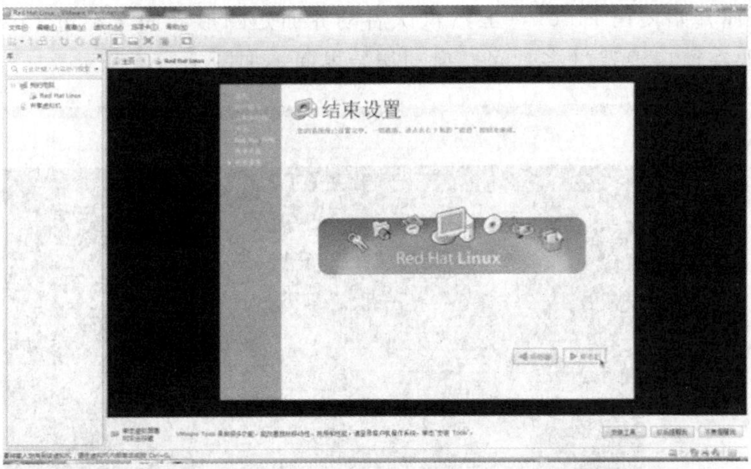

图 1－51　设置完毕界面

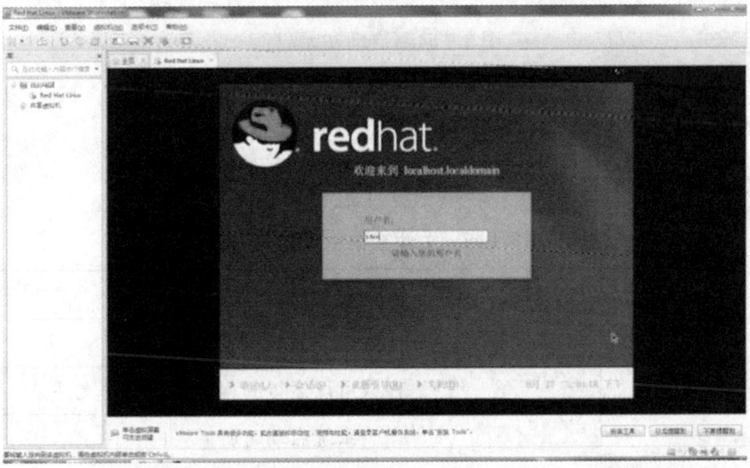

图 1－52　输入账号

图 1-53　输入密码

（41）下面开始使用 Linux，虽然默认启动界面是图形界面，不过 Linux 的精华是命令行，不要在窗口浪费过多时间，启动初始界面，如图 1-54 所示。

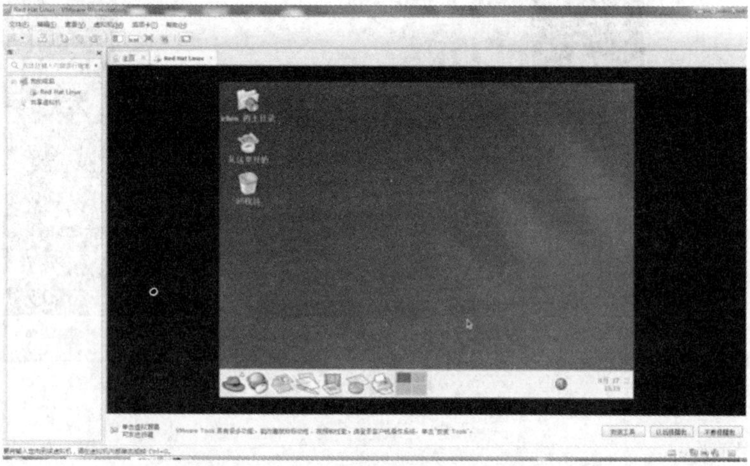

图 1-54　启动初始界面

1.4.3　Linux 文件系统

Linux 文件系统中的部分重要目录见表 1-1 所列。

表 1-1　Linux 文件系统中部分重要的目录

文件	描述
/	根文件
/bin	存放可以运行的程序和命令的文件
/boot	系统启动时所需要的文件
/dev	设备文件

（续表）

文件	描述
/etc	系统管理和配置文件
/home	用户主文件
/lib	标准程序设计库文件
/var	某些大文件的溢出区文件
/opt	第三方软件存放文件
/tmp	公用的临时文件存储文件
/root	系统管理员的主文件
/mnt	系统提供这个目录是让用户临时挂载其他的文件系统
/proc	虚拟的文件，是系统内存的映射
/sbin	系统管理员命令存放文件
/usr	最庞大的目录，要用到的应用程序和文件几乎都在这个文件中

1.4.4 Linux 命令

（1）ls 命令

功能：显示当前目录下的文件清单。

例：显示 root 目录下的所有可视文件，如图 1－55 所示。

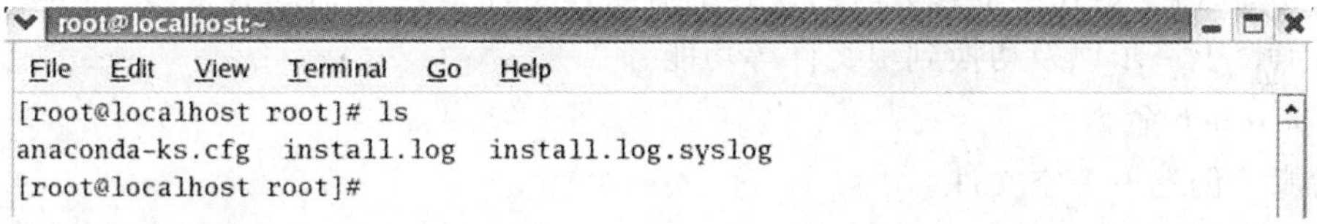

图 1－55　ls 命令使用界面

上述 ls 命令是在不带参数时显示的文件清单内容。ls 命令有很多可用参数，可实现文件详细信息显示以及显示隐藏文件等功能。

（2）pwd 命令

功能：显示当前目录路径。

例：显示从 tianyanping 文件夹到根目录的路径，如图 1－56 所示。

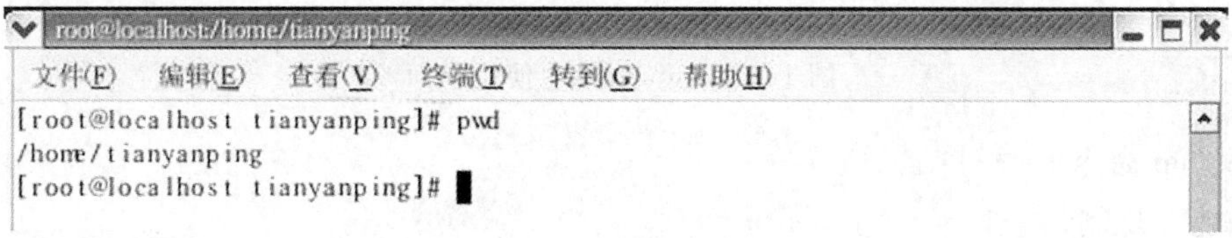

图 1－56　pwd 命令使用界面

（3）mkdir 命令

功能：在当前目录下创建新目录。

例：在当前目录创建 abc 文件夹，然后用 ls 命令显示出来，如图 1－57 所示。

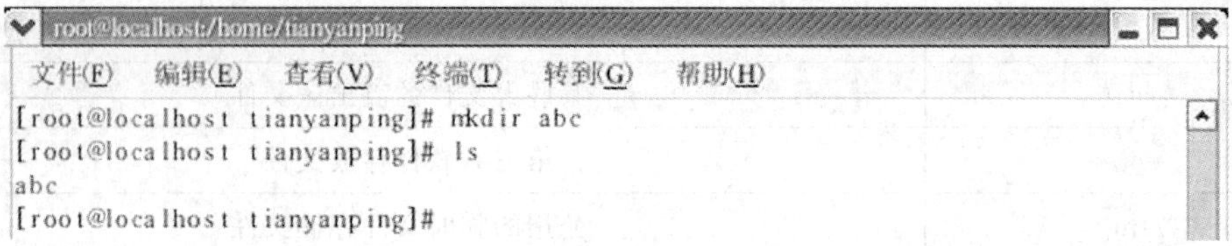

图 1－57　mkdir 命令使用界面

（4）cd 命令

功能：切换当前目录。

例：在根目录使用 cd 命令切换当前目录到/home/tianyanping/abc/目录，如图1－58 所示。

图 1－58　cd 命令使用界面

上述 cd 命令是在不带参数时切换到绝对路径文件中，cd 命令有很多可用参数，可实现后退、上一步以及切换到根文件等功能。

（5）touch 命令

功能：创建一个空文件。

例：用 ls 查看可知当前目录中只有一个 abc 文件，使用 touch 后再用 ls 命令查看则多出了一个文件，即 touch 命令创建了一个 myfile 文件，如图 1－59 所示。

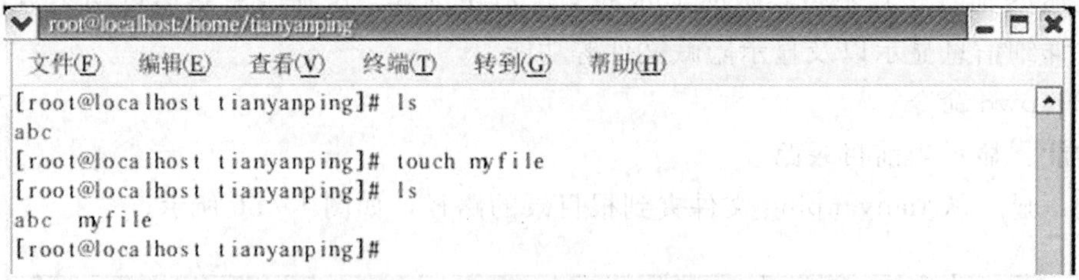

图 1－59　touch 命令使用界面

（6）cp 命令

功能：复制。

例：将文件 myfile 备份为 myfile. bak，如图 1－60 所示。

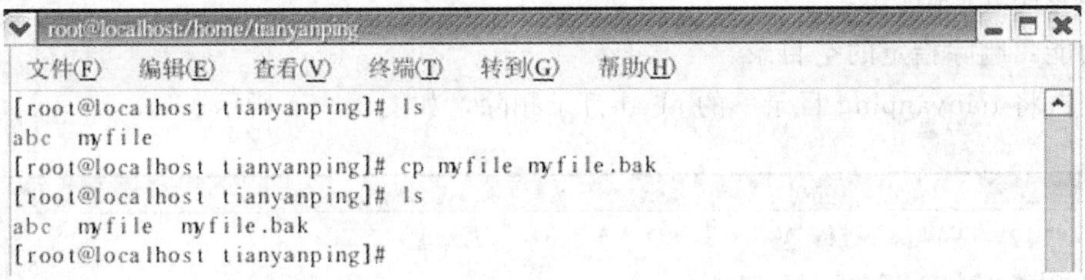

图 1-60　当前路径 cp 命令使用界面

cp 命令亦可将指定绝对路径中的文件复制到指定绝对路径文件中，如将/ect/文件下的 yp. conf 文件复制到/home/tianyanping/abc/文件中，如图 1-61 所示。

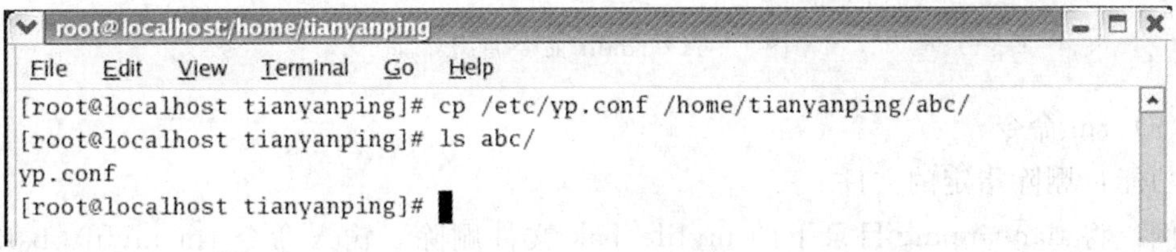

图 1-61　绝对路径 cp 命令使用界面

(7) mv 命令

功能：移动、重命名。

例：将 tianyanping 目录下的 myfile 文件移动到当前目录下的 abc/目录中，使用 ls 命令分别查看可知文件 myfile 是否已经移动到 abc/目录下了，如图 1-62 所示。

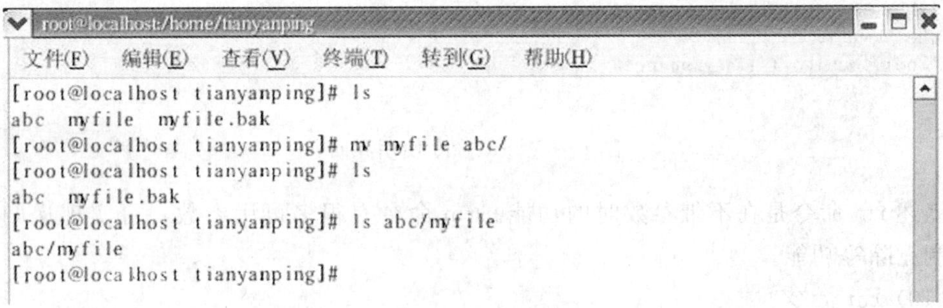

图 1-62　mv 命令移动功能使用界面

例：将 myfile 文件重命名为 myfile2，如图 1-63 所示。

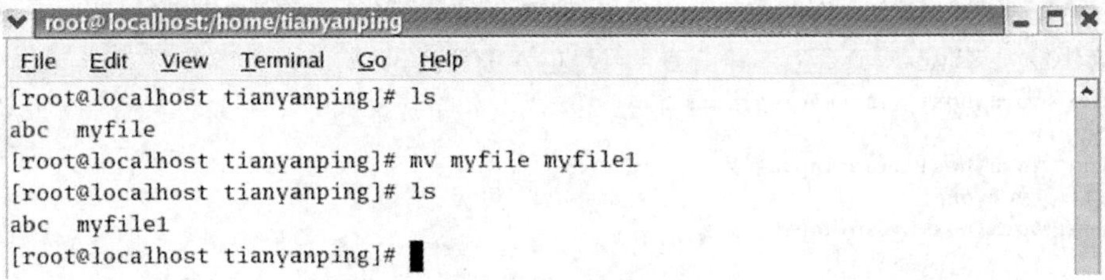

图 1-63　mv 命令重命名功能使用界面

(8) rmdir 命令

功能：删除指定的空目录。

例：将 tianyanping 目录下的 abcd 目录删除，如图 1－64 所示。

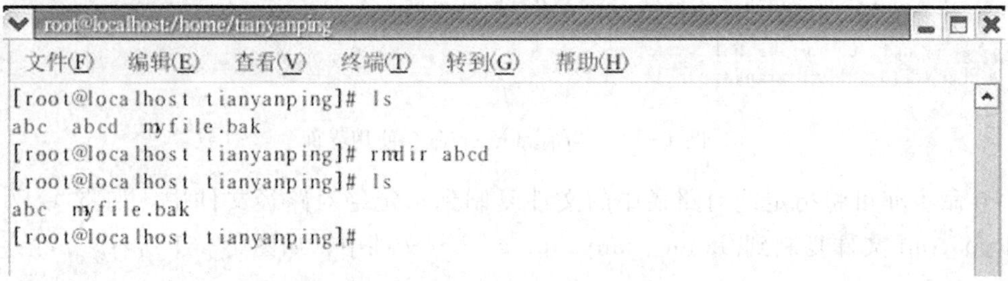

图 1－64 rmdir 命令使用界面

(9) rm 命令

功能：删除指定的文件。

例：将 tianyanping 目录下的 myfile. bak 文件删除，输入命令 rm myfile. bak，单击回车键，再输入 y 确定后，文件被删除如图 1－65 所示。

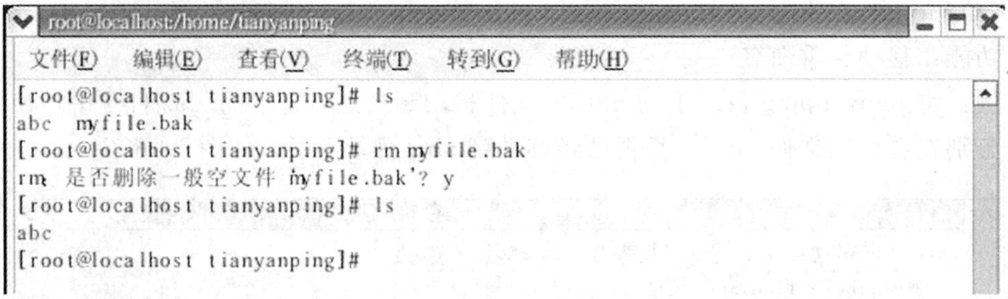

图 1－65 rm 命令使用界面

上述 rm 命令是在不带参数时的功能。rm 命令有很多可用参数，可实现递归删除和强制删除等功能。

(10) cat 命令

功能：显示指定文件的内容。

例：显示当前目录下的 myfile 文件内容，如图 1－66 所示。

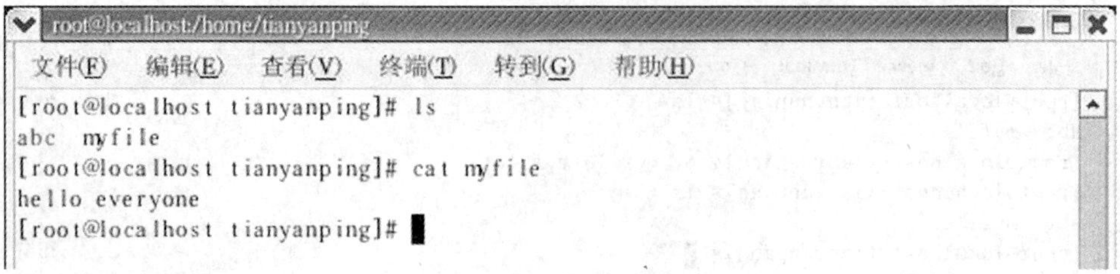

图 1－66 cat 命令使用界面

(11) useradd 命令

功能：创建用户账号。

例：在使用 useradd user1 命令后，可看到 home 目录下多出了一个 user1 的文件即用户创建成功，如图 1 - 67 所示。

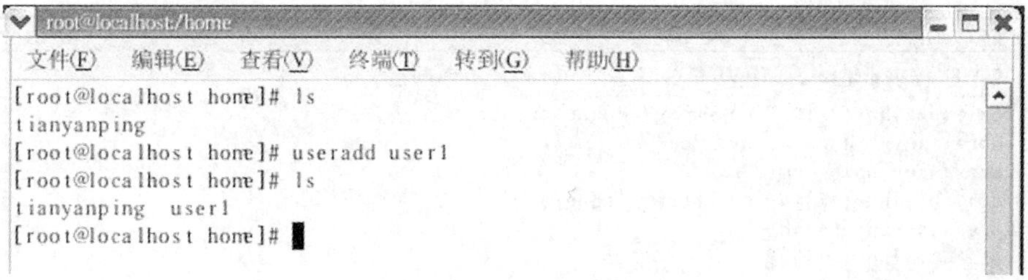

图 1 - 67　useradd 命令使用界面

(12) userdel 命令

功能：删除指定的用户。

例：使用 userdel - r user1 命令后，可见 home 目录下的 user1 文件消失，如图1 - 68 所示。

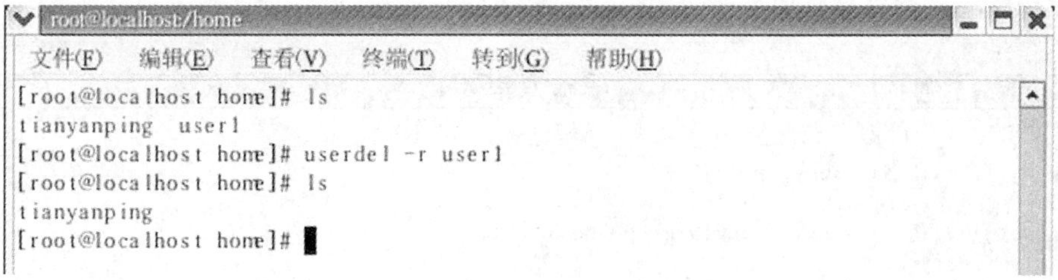

图 1 - 68　userdel 命令使用界面

(13) ln 命令

功能：建立链接。

例：使用 ln-s myfile myfile. ln 命令后，用 ll 命令可看到当前目录下有一个 myfile. In 文件指向 myfile 文件，即成功创建了链接，如图 1 - 69 所示。

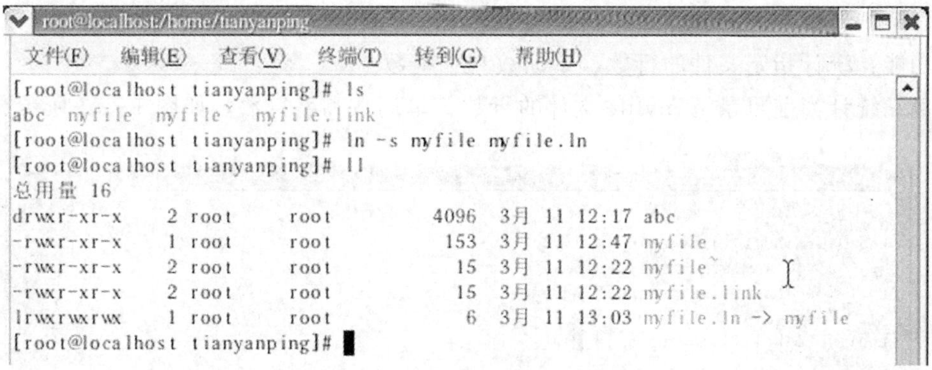

图 1 - 69　ln 命令使用界面

(14) find 命令

功能：查找文件。

例：查找 home 目录下所有的 myfile 文件，查找 home 目录下所有的 abc 文件，如图 1-70 所示。

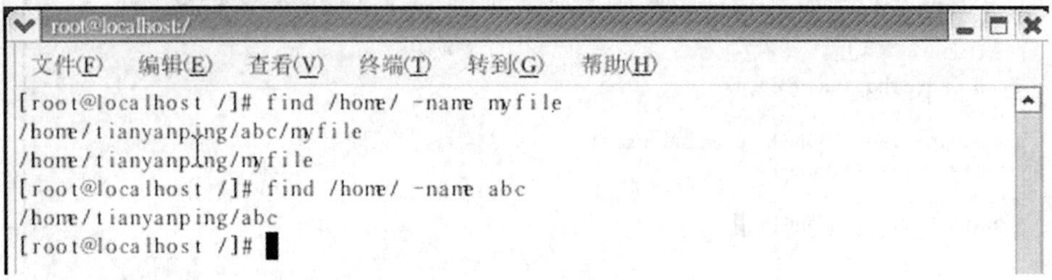

图 1-70 find 命令使用界面

(15) grep 命令

功能：在指定的文件中查找包含特定的字符串的行。

例：查找当前目录下 myfile 文件中所有含有 hello 单词的行，显示如图 1-71 所示。

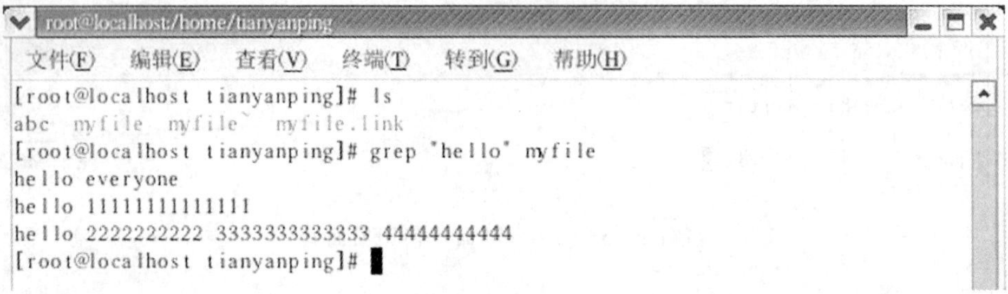

图 1-71 grep 命令使用界面

上述只是 grep 命令的基本功能，通常实际的工作中 grep 命令多与管道符号结合使用。

(16) wc 命令

功能：统计指定文件的行数、单词数和字符数。

例：统计当前目录下 myfile 文件的行数、单词数和字符数，如图 1-72 所示。

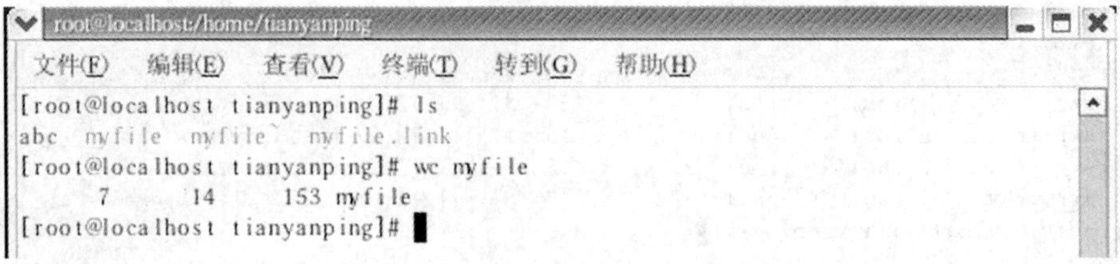

图 1-72 wc 命令使用界面

（17）sort 命令

功能：将指定文件以行为单位按正序输出。

例：将当前目录下的 myfile 文件内容以正序输出，如图 1－73 所示。

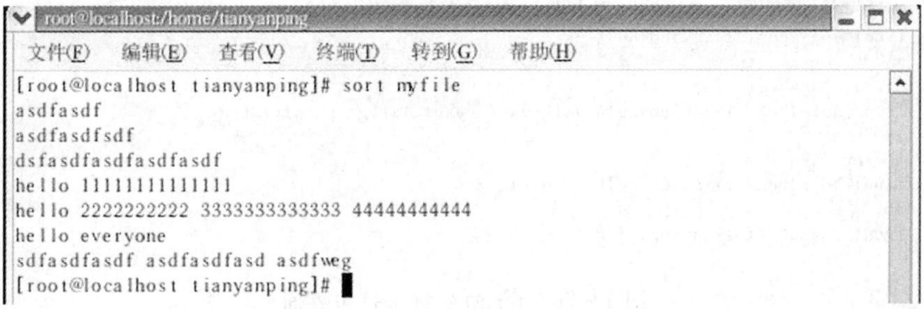

图 1－73　sort 命令使用界面

（18）diff 命令

功能：比较两个文件，将不同之处输出。

例：比较文件 myfile 与 myfile.ln 是否相同，将不同之处输出到屏幕上，如图1－74所示。

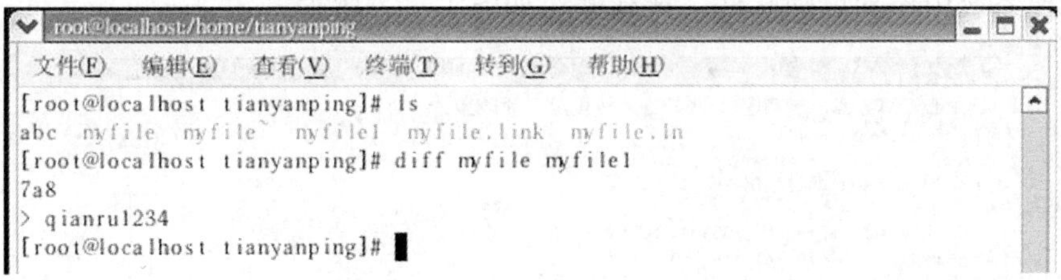

图 1－74　diff 命令使用界面

（19）tar 命令

功能：参数-c 的功能是打包（创建）；

参数-v 是显示处理过程；

参数-f 是用来指定文档名。

例：将当前目录下的 abc 目录打包为一个名为 myabc.tar 的文件，如图 1－75 所示。

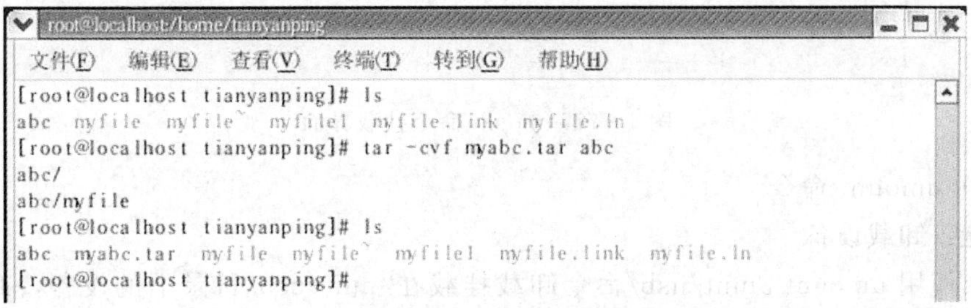

图 1－75　tar 命令打包界面

tar 命令通常会结合不同参数调用不同压缩命令实现打包并压缩功能。同时 tar 命令结合不同参数亦可将打包或打包并压缩的文件展开或解压展开。

例：将当前目录下的 myabc. tar. gz 文件解压到 dirtar 目录，如图 1 - 76 所示。

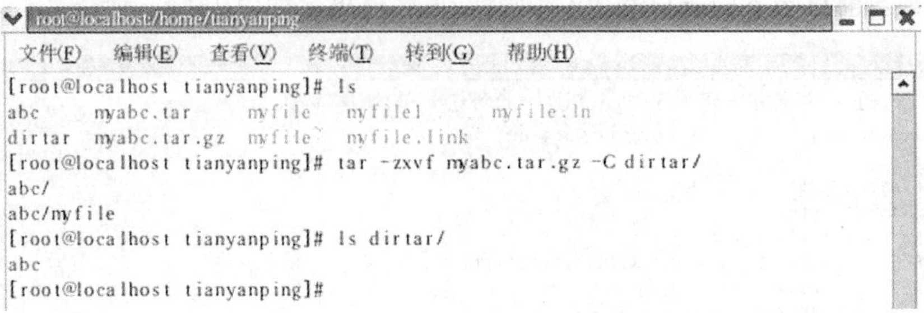

图 1 - 76　tar 命令解压打包界面

（20） mount 命令

功能：挂载文件。

例：使用 mount /dev/sdb1 /mnt/usb 命令将设备文件/dev/sdb1 挂载到/mnt/usb 目录，挂载之前使用＃fdisk - l 命令查看设备文件，/dev/sdb1 为实际的 U 盘。实际工作中 Linux 操作系统默认的 USB 文件系统为 vfat 格式，如需要识别 NTFS 格式需要在 Linux 操作系统中添加识别软件。挂载操作如图 1 - 77 所示。

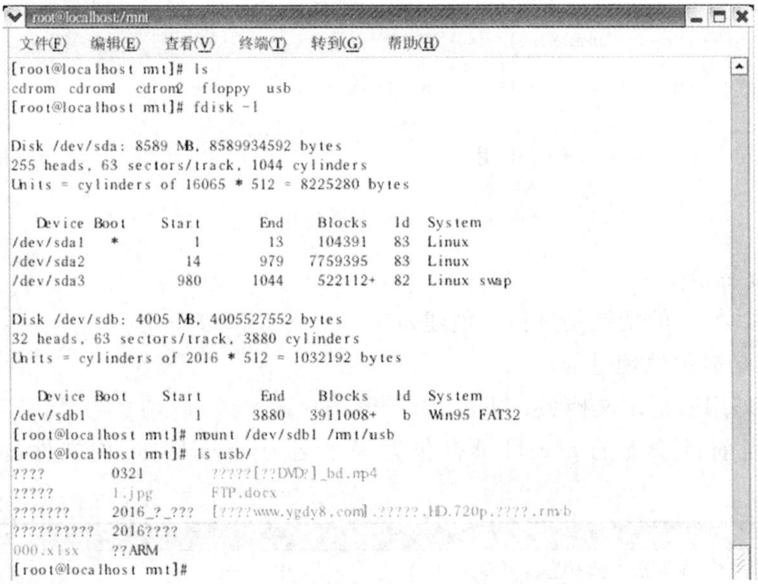

图 1 - 77　mount 命令挂载界面

（21） umount 命令

功能：卸载设备。

例：使用 umount /mnt/usb/命令卸载挂载在/mnt/usb/目录下的设备，卸载操作如图 1 - 78 所示。

（22） ps 命令

功能：查询在当前控制台上运行的进程。

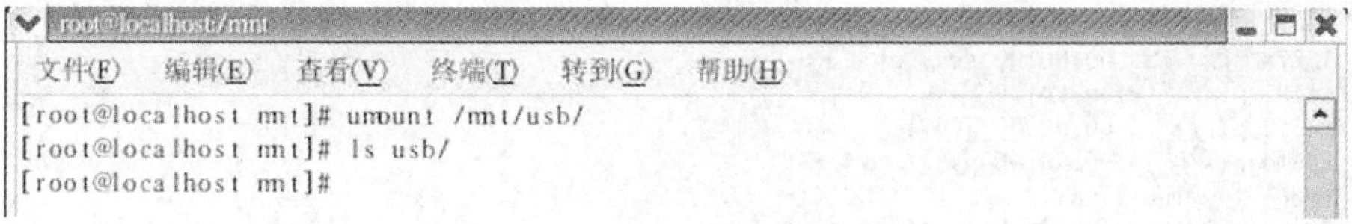

图 1－78　umount 命令卸载界面

例：使用 ps 命令查看当前控制台运行的进程，如图 1－79 所示。

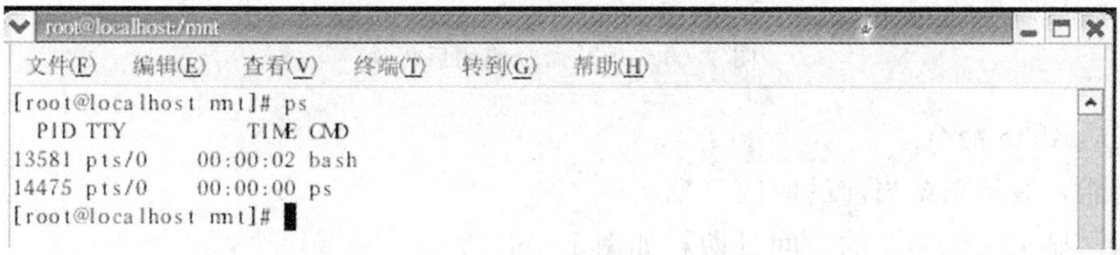

图 1－79　ps 命令使用界面

上述 ps 命令是在不带参数时显示的控制台运行进程。ps 命令有很多可用参数，可实现所以进程详细信息等功能。

（23）free 命令

功能：查询在当前控制台上运行的进程。

例：使用 free 命令查看当前系统内存和 swap 使用情况，如图 1－80 所示。

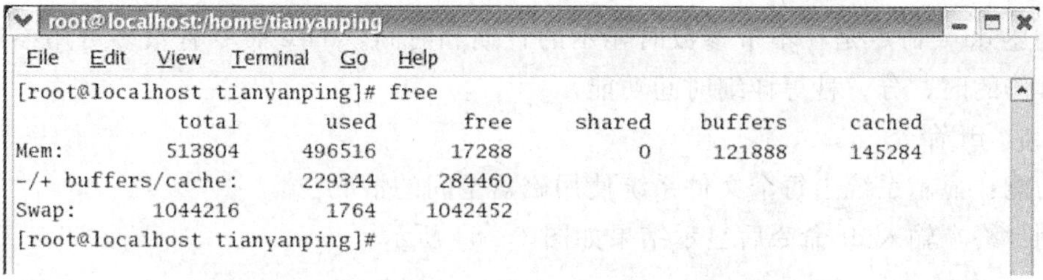

图 1－80　free 命令使用界面

（24）kill 命令

功能：kill 命令可以结束一个进程，当然普通用户只能结束自己的进程。

例：使用 ps 查看进程，可以看到一个 gedit 进程，其编号为 14514。使用命令 kill 14514 后可以看到进程已经结束，如图 1－81、图 1－82 所示。

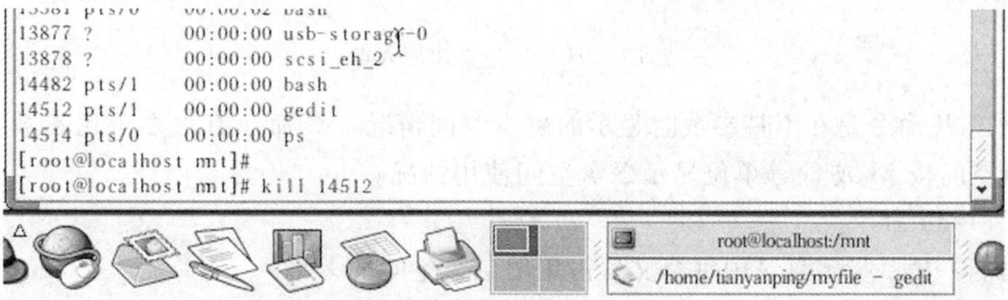

图 1－81　kill 命令使用前界面

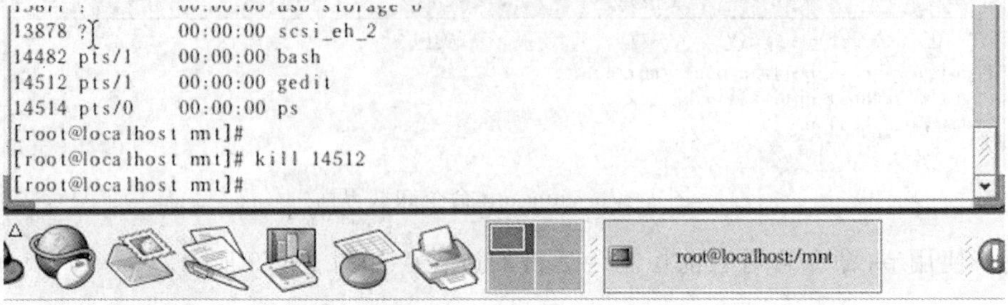

图 1－82　kill 命令使用后界面

（25）date 命令

功能：显示系统当前的时间日期。

例：显示系统当前的时间日期，如图 1－83 所示。

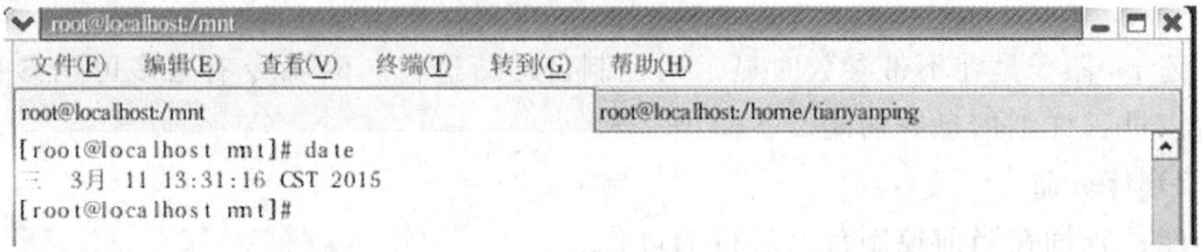

图 1－83　date 命令使用界面

上述 date 命令是在不带参数时显示的日期和时间，date 命令有很多可用参数，可实现具体的时、分、秒等详细时间功能。

（26）df 命令

功能：显示系统中每个文件系统使用磁盘空间的情况。

例：终端输入 df 命令后显示结果如图 1－84 所示。

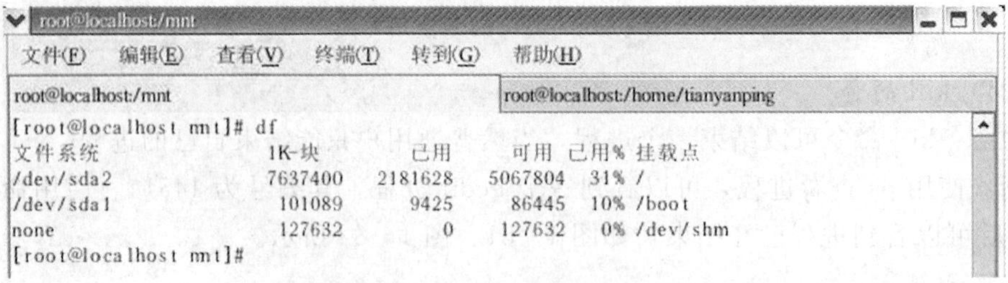

图 1－84　df 命令使用界面

上述 df 命令是在不带参数时显示的磁盘空间情况，df 命令有很多可用参数，可实现磁盘空间按 M 或 G 等单位显示磁盘空间使用情况。

（27）du 命令

功能：显示指定目录中每个文件占用的磁盘空间的大小。

例：显示出/tianyanping 目录中每个文件占用磁盘空间的大小，如图 1－85 所示。

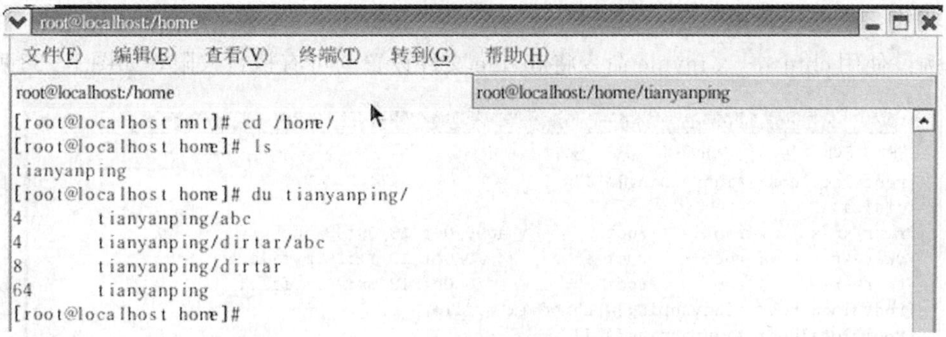

图 1-85 du 命令使用界面

（28）>命令

功能：把 a. txt 文件按行逆序排序并重定向输出到文件 b. txt 中；若 b. txt 已存在，则覆盖掉原内容，若不存在，则创建之。

例：使用 echo “hello China” >myfile 命令将 hello China 重定向到 myfile 文件中，如图 1-86 所示。

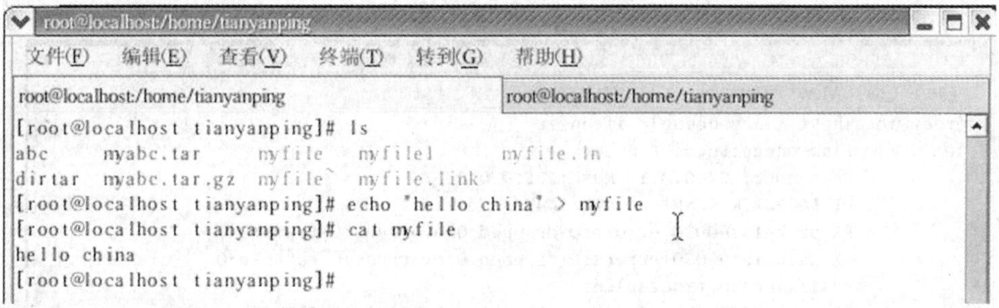

图 1-86 >命令使用界面

例：使用 echo “hello hunan of China” >>myfile，将 “hello hunan of China” 追加到 myfile 文件末尾，如图 1-87 所示。

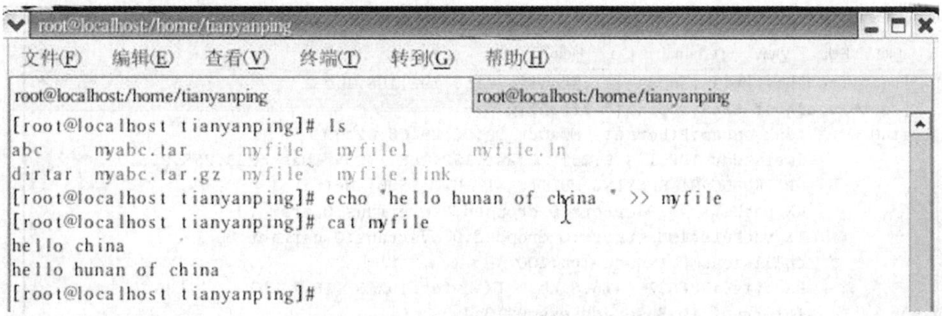

图 1-87 >>命令使用界面

（29）chmod 命令

功能：改变用户的权限。

例：使用 chmod＋x myfile 命令将 myfile 文件设置为可有执行权限，如图 1－88 所示。

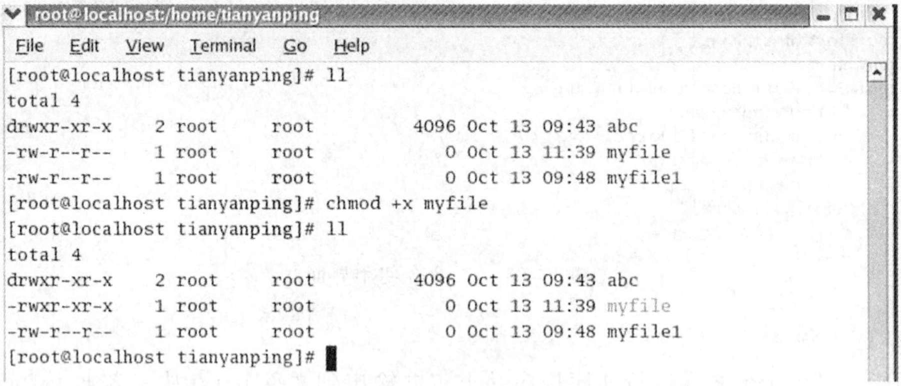

图 1－88　chmod 命令使用界面

（30）ifconfig 命令

功能：显示网卡参数的配置情况，包括 IP 地址、子网掩码、广播地址等。

例：使用 ifconfig 命令查看当前网络状态，如图 1－89 所示。

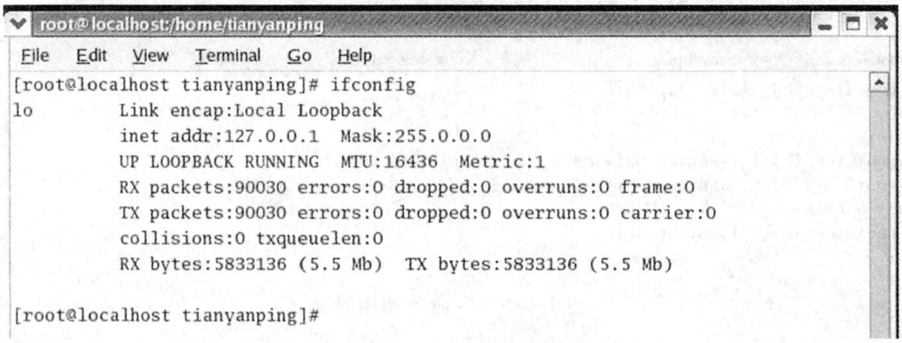

图 1－89　ifconfig 命令查看当前网络状态界面

例：使用 ifconfig 命令设置当前网络，如图 1－90 所示。

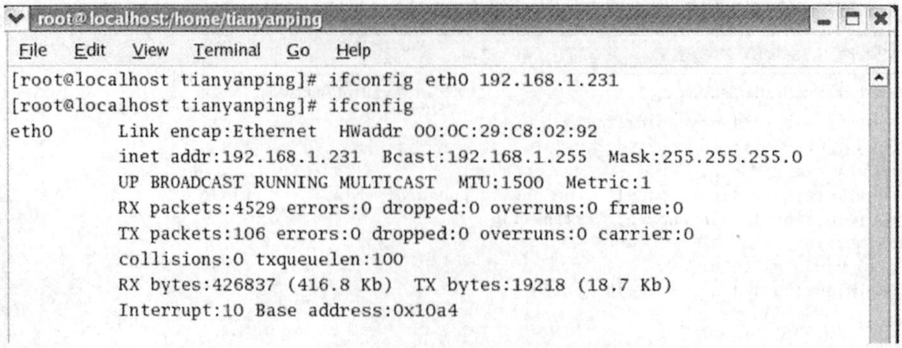

图 1－90　ifconfig 命令设置网络界面

上述 30 个 Linux 命令为常用基本命令，当然还有很多常用基本命令并没有在本书中讲述，而且上述命令只是描述了 30 个命令的最基本的使用方法，其中很多命令都有诸多命令参数和选项并没有在本书中讲述，如需要详细的命令使用说明及使用方法请在网络中搜索 Linux 命令大全。Linux 命令大全会将 Linux 命令归类为文件管理命令、文档编辑命令、文件传输命令、磁盘管理命令、网络通信命令等 10 大类进行详细说明。

1.4.5 vi 命令及使用

使用 vim abc.c 命令创建一个文件并进入 vi 编辑器，如图 1-91 所示。

图 1-91　vi 创建文件界面

进入 vi 编辑界面，如图 1-92 所示。

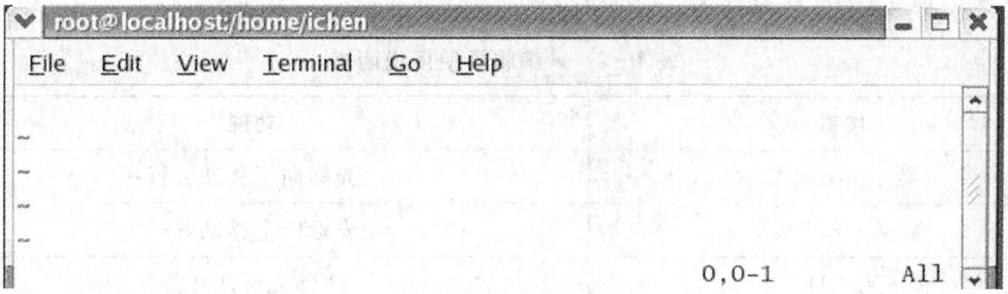

图 1-92　vi 编辑界面

此时是指令模式：

按 A 键即可进入编辑模式对文件内容进行编辑。

按 Esc 键可退出编辑模式返回命令模式。

按 A 键进入编辑模式，输入一段代码后如图 1-93 所示。

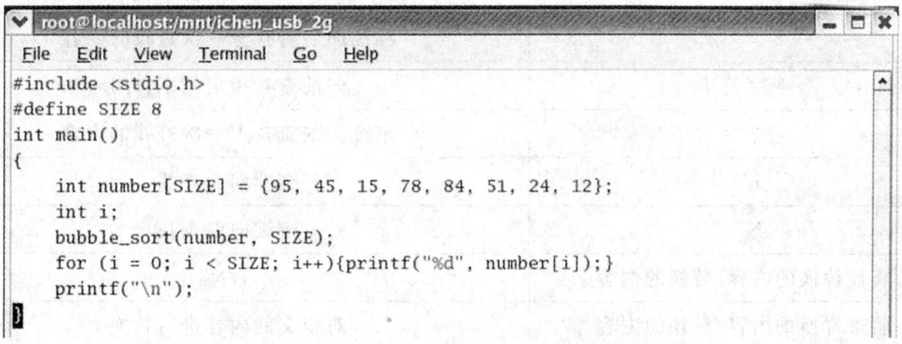

图 1-93　vi 编辑模式界面

在命令模式下：

(1) 移动光标

① 按数字＋回车可向下移动光标。

② 按数字键＋"－"向上移动光标。

例：输入5＋回车光标向下移动5行。

输入5＋"－"光标向下移动5行。

(2) 删除行

① 敲击D键两次可删除光标所在行。

② 敲击D键两次之前加上数字可连续删除多行。

(3) 复制行

① 敲击Y键两次可复制当前行。

② 敲击Y键两次前加数字可连续复制多行。

(4) 粘贴

① 按P键可在当前行粘贴复制缓冲区中的所有内容。

② 在P键前加数字可将内容连续粘贴数遍。

vi编辑器使用说明见表1－2所列。

表1－2 vi编辑器使用说明表

按键	功能
数字n＋回车	光标向下移动n行
数字n＋"－"	光标向上移动n行
D＋D	删除光标所在行
数字n＋D＋D	从光标所在行开始向下连续删除n行
Y＋Y	复制光标所在行
数字n＋Y＋Y	复制光标所在行开始向下连续n行
P	将复制缓存区的内容粘贴在光标所在行的下方
数字n＋P	将复制缓存区的内容粘贴在光标所在行的下方n遍
/＋字符串	向后查找指定的字符串
/	继续向后查找上一次查找的内容
?＋字符串	向前查找指定的字符串
?	继续向前查找上一次查找的内容
n	继续向后查找
N	继续向前查找
s/将被替换的内容/替换的内容	替换
%s/将被替换的内容/替换的内容/g	对全文的内容进行替换
v	进入可视模式

（续表）

按键	功能
set number	显示每行行号
set nonumber	隐藏行号
x	删除光标所在处的字符
：w＋回车	保存
：q＋回车	退出
：wq	保存并退出

1.5　任务练习

1.5.1　wc 命令使用

在 Linux 操作系统下用终端命令 wc 统计/home 下 log 文件中的字符个数。

1.5.2　find 命令使用

在 Linux 操作系统下用终端命令 find 查找/dev 文件下所有含“sdc”字符的文件并将文件名保存到/home 中的 log 日志文件。

1.5.3　mkdir 和 touch 命令使用

在/home 文件下，创建名为同学学号的文件夹，进入该文件夹，创建以同学学号为名字的脚本文件（. sh 文件），修改该脚本文件权限为可读可写可执行文件并查看该文件。（如学号为 4567，创建文件夹为 4567，该文件夹下创建生成 4567. sh 脚本文件）

1.5.4　free 和＞＞命令使用

在/home 文件下，创建名为自己学号的文件夹，进入该文件夹，创建以自己学号为名字的日志文件（log 文件），用 free 命令观察 Linux 系统内存运行的状态，并将 free 命令显示的结果重定向到日志文件中。

1.5.5　ping 命令使用

在 Linux 操作系统下用终端命令 ifconfig 查看系统 IP 地址，并用 ping 命令 ping 通 Windows 主机 IP。

项目2 Windows 和 Linux 资源共享

2.1 项目描述

本项目的主要学习内容包括：学习安装配置 VMware Tools 实现资源共享，学习安装配置 Samba 服务器实现资源共享，学习安装配置 FTP 服务实现资源共享，学习安装配置 NFS 实现资源共享，学习安装配置超级终端实现开发板操作，学习安装配置交叉编译器和 Linux 内核文件。

2.2 教学目标

通过此项目让学生了解 VMware Tools 工具的鼠标无缝移入移出和文件共享等功能。了解 Samba 配置文件的基本构成，掌握在 Linux 中利用 Samba 进行资源共享的方法，学会 Samba 配置文件的构建方法。了解 FTP 服务的基本构成，利用 FTP 服务实现 Windows 和 Linux 资源共享的方法，学会 FTP 配置文件的构建方法。了解超级终端与开发板连接的配置方法。掌握在 Linux 中利用 NFS 和开发板进行资源共享的方法，学会 NFS 配置文件的构建方法。

2.3 知识准备

2.3.1 VMware Tools 简介

VMware Tools 是 VMware 虚拟机中自带的一种增强工具，相当于 VirtualBox 中的增强功能（Sun VirtualBox Guest Additions），是VMware提供的增强虚拟显卡和硬盘性能，以及同步虚拟机与主机时钟的驱动程序。

只有在VMware虚拟机中安装好了VMware Tools，才能实现主机与虚拟机之间的文件共享，同时可支持自由拖拽的功能，鼠标也可在虚拟机与主机之前自由移动（不用再按Ctrl+Alt），且虚拟机屏幕也可实现全屏化。

2.3.2 Samba简介

Linux与Windows之间的资源共享，可通过Samba来实现。

Samba是一组软件包，使用SMB协议，可以将联网计算机的文件和打印机共享。支持SMB协议的操作系统包括Windows、OS/2和Linux等，其中，Windows通过网上邻居支持该协议。SMB协议由TCP/IP实现，是Windows网络文件和打印共享的基础，负责处理和使用远程文件和资源。

2.3.3 FTP简介

FTP是File Transfer Protocol（文件传输协议）的英文简称，而中文简称为“文传协议”。用于Internet上的控制文件的双向传输。同时，它也是一个应用程序（Application）。基于不同的操作系统有不同的FTP应用程序，而所有这些应用程序都遵守同一种协议以传输文件。在FTP的使用当中，用户经常遇到两个概念：“下载”（Download）和“上传”（Upload）。“下载”文件就是从远程主机拷贝文件至自己的计算机上；“上传”文件就是将文件从自己的计算机中拷贝至远程主机上。用Internet语言来说，用户可通过客户机程序向（从）远程主机上传（下载）文件。

2.3.4 超级终端简介

超级终端是一个通用的串行交互软件，很多嵌入式应用的系统有与之交换的相应程序，通过这些程序，可以通过超级终端与嵌入式系统交互，使超级终端成为嵌入式系统的“显示器”。

2.3.5 NFS简介

NFS（Network File System）即网络文件系统，是FreeBSD支持的文件系统中的一种，它允许网络中的计算机之间通过TCP/IP网络共享资源。在NFS的应用中，本地NFS的客户端应用可以透明地读写位于远端NFS服务器上的文件，就像访问本地文件一样。

2.4 任务实现

2.4.1 VMware Tools安装

在VMware中安装完Linux系统后，如果仔细看的话，就会发现在VMware软件界面的左下角处显示着"you don't have VMware Tools installed"，即还没安装VMware Tools。VMware Tools有什么用呢？VMware Tools其实就是虚拟显卡的驱动程序，安装以后，虚拟系统屏幕的显示效果会更好。除此之外，安装以后，鼠标就可以在主、客系统之间自如的移动，而不需用【Ctrl】+【Alt】组合键来切换，同时VMware工具还有些别的用途。

接下来简单介绍如何安装VMware Tools。

(1) 鼠标左键单击VMware界面左侧中的虚拟系统，选择"Install VMware Tools"。注意：虚拟机必须处在开机状态，关机时无效，如图2-1所示。

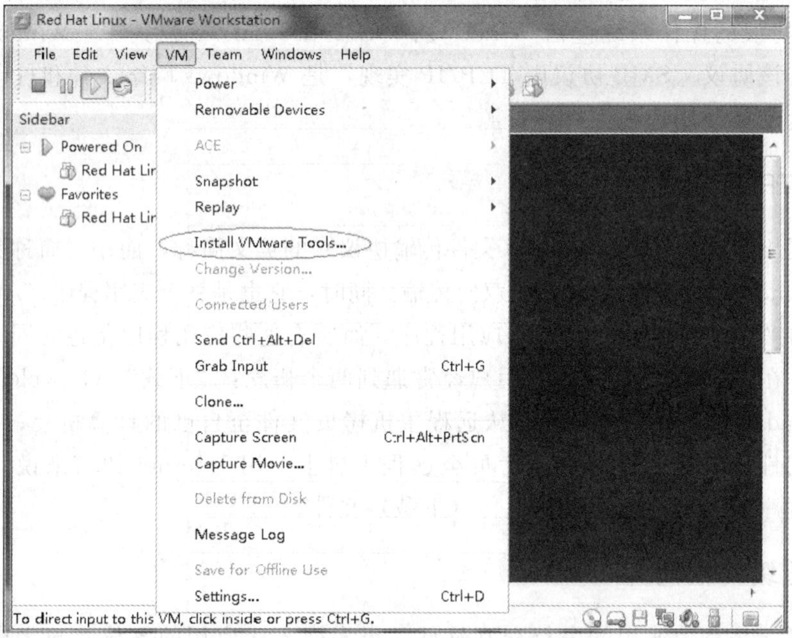

图2-1 安装Install VMware Tools界面

此时会发现在Linux的桌面上出现一个光盘的图标，这只是系统将VMware Tools的安装镜像文件加载到了虚拟光驱中，而并不是真正地安装了VMware Tools。

(2) 找到VMware Tools安装包，右键单击Linux桌面，打开终端，依次输入以下命令（注意有空格）。

```
cd /mnt/cdrom（注：进入到虚拟光驱的文件夹里）；
ls（注：查看文件夹里的文件和子文件夹）。
```

此时出现的"VMware Tools-5.5.3-34685.tar.gz"即安装包名字，请记住它，稍后将会用到。

(3) 移动安装包，然后解压安装在刚刚的终端中，继续输入以下命令。

```
cd/（注：回到根目录）；
cp/mnt/cdrom/VMwareTools-5.5.3-34685.tar.gz/tmp（注：将安装包复制到tmp文件夹）；
```

cd/tmp（注：进入 tmp 文件夹里）；

tar zxf VMwareTools-5.5.3-34685.tar.gz（注：解压安装包）；

cd vmware-tools-distrib（注：进入解压出来的文件夹里）；

./vmware-install.pl（注：执行安装文件）。

终端配送界面如图 2-2 所示。

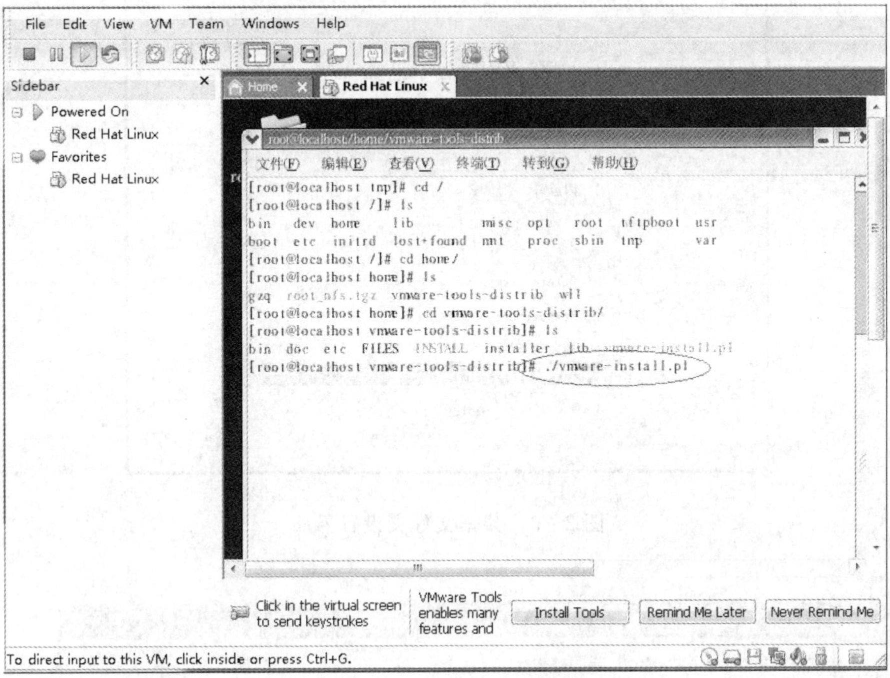

图 2-2　运行 VMware Tools 安装脚本界面

如果 Linux 中已经安装了所有的 X 窗口环境和开发工具，上述的安装过程应该比较顺利，在安装过程中，会遇到诸如“In which directory do you want to install your binary files”这类问题，直接按回车键就行了；如遇到诸如带有［yes］的询问时，输入“yes”后按回车键即可。安装完成以后，还需要配置分辨率：

Do you want to change your guest X resolution?

［1］640×480

［2］800×600

［3］1024×768

……

这里根据自己机器的情况来决定。设置分辨率，能使屏幕在全屏显示下更清晰。注意这里的分辨率适用于全屏显示，很多人可能习惯用窗口模式来操作虚拟系统，那么就应该把分辨率设置得小些，比如 800×600（px）。至此，VMware Tools 就安装成功了，需要重启一下虚拟机，使配置生效。虚拟机可以在 Windows 下设置共享文件夹，以方便文件的共享，设置共享文件夹的步骤如图 2-3 至图 2-6 所示。

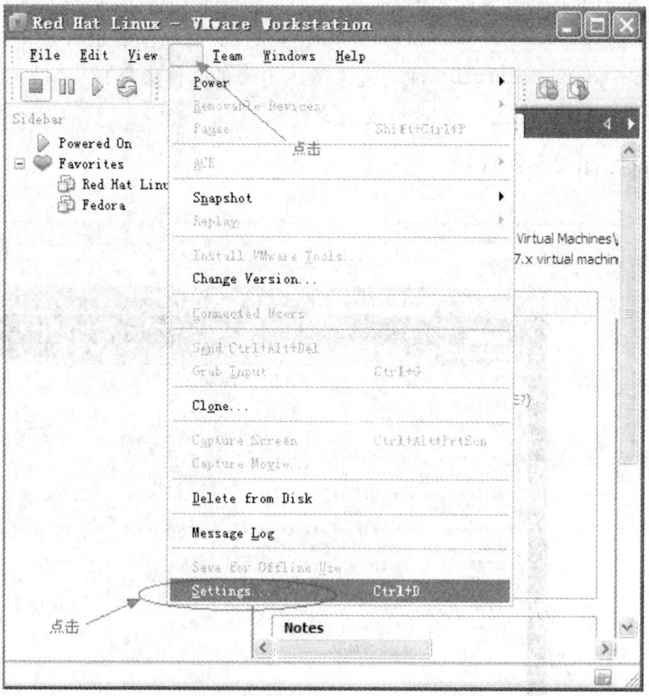

图 2-3　共享文件夹设置界面

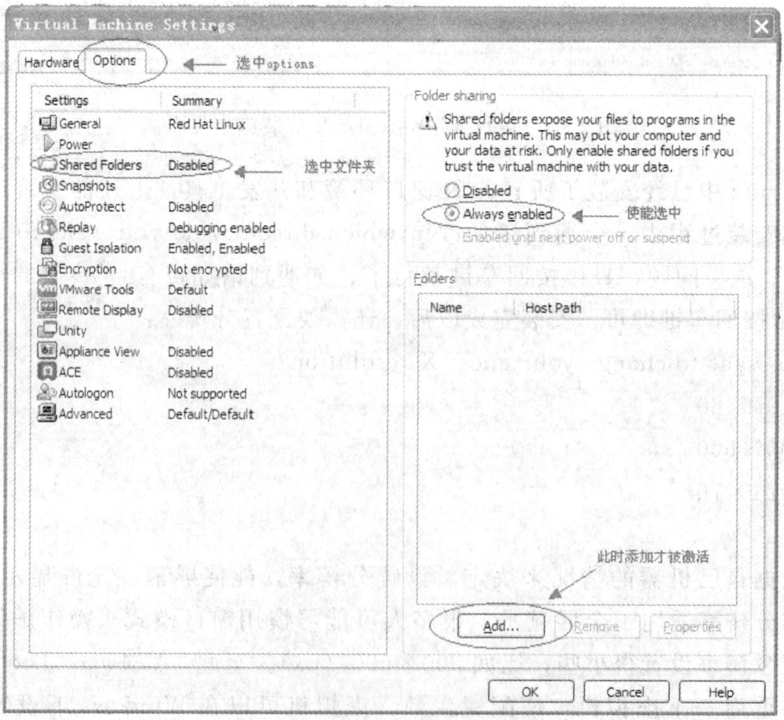

图 2-4　添加共享文件夹界面

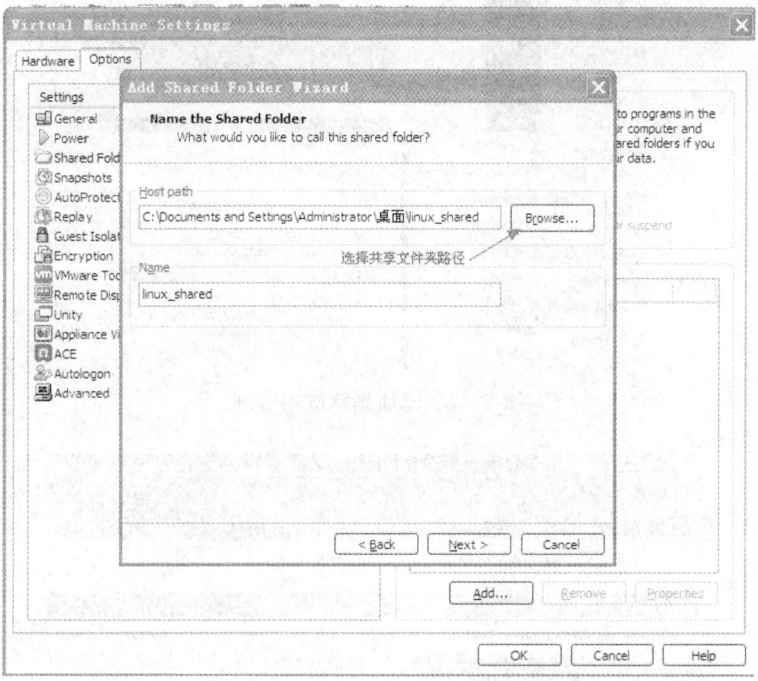

图 2-5 选择共享文件夹路径界面

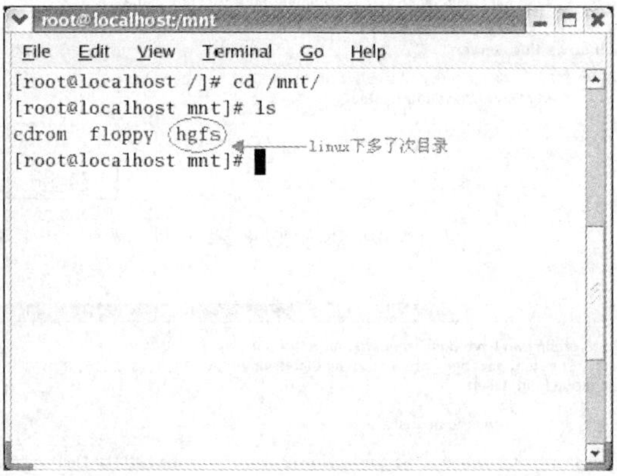

图 2-6 共享文件夹显示目录界面

2.4.2 Samba 服务器配置

（1）安装 Samba 应用

首先在 RedHat 下面要安装 Samba 服务器，如果是完全安装 RedHat 则会自动装有 Samba 服务器。如果不是完全安装，system setting－＞server settings 菜单下就没有 smb。

这时候我们就要在 system setting－＞add/remove application 下添加 smb 服务器，如图 2-7 至图 2-10 所示。

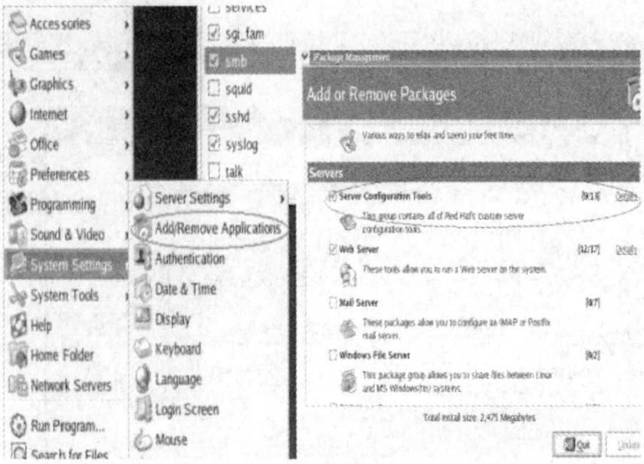

图 2-7 添加删除应用管理

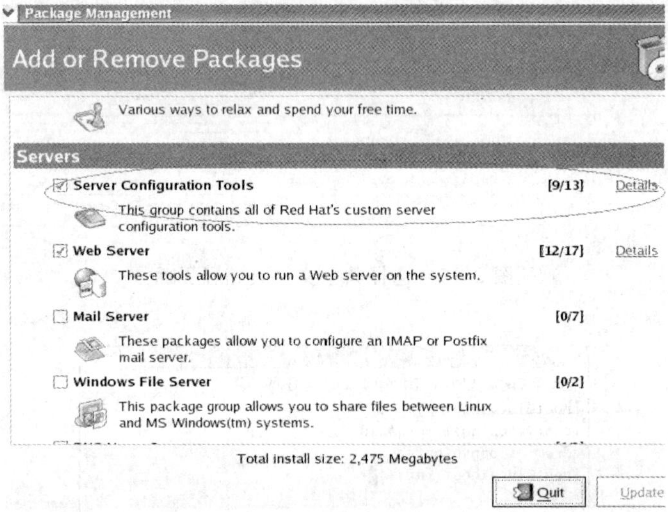

图 2-8 添加服务器工具

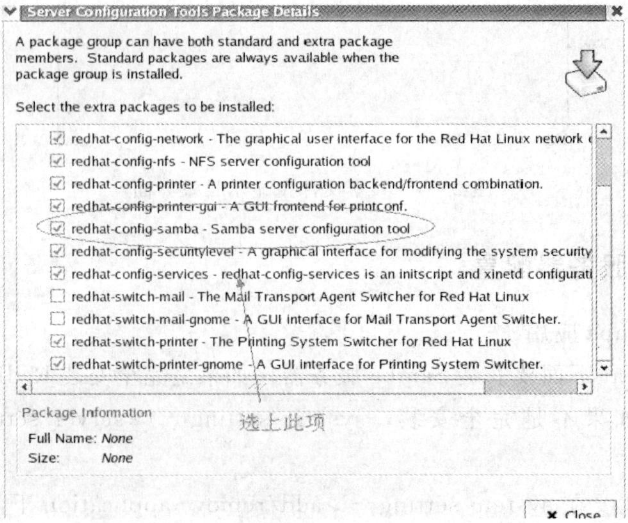

图 2-9 选择 Samba 应用

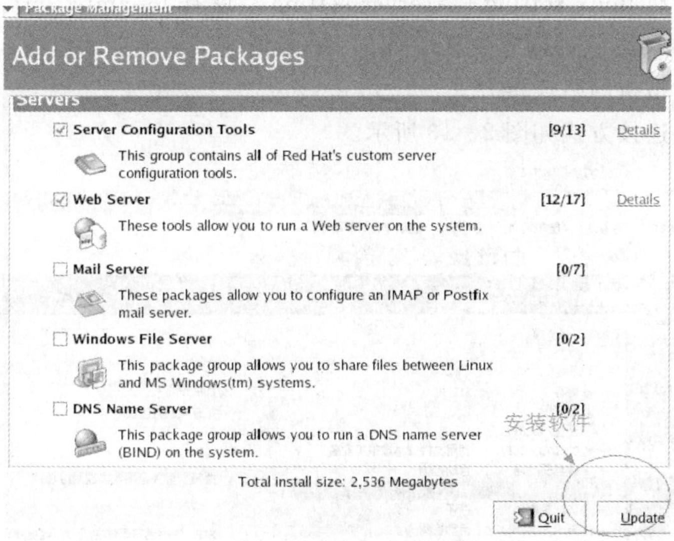

图 2-10　点击安装

然后选择 system setting－＞server setting－＞services 启动 smb 服务，如图 2-11、图 2-12 所示。

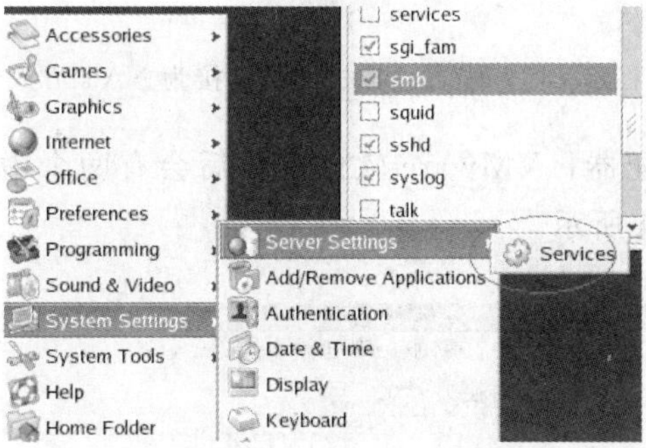

图 2-11　在服务器中选择 Samba 服务

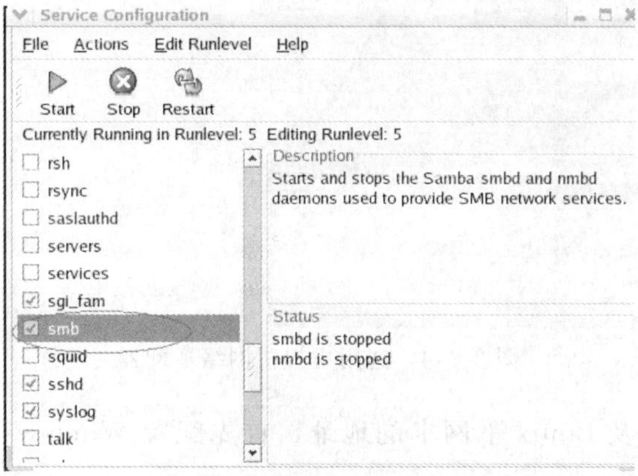

图 2-12　启动 Samba 服务

然后要在重启 linux setting ->server setting 后就有了 samba server 了，接下来要在启动一个 VMware 软件创建的虚拟网卡（一般情况下无须手动启动）。

（2）设置虚拟机网络连接方式

虚拟机网络连接方式如图 2－13 所示。

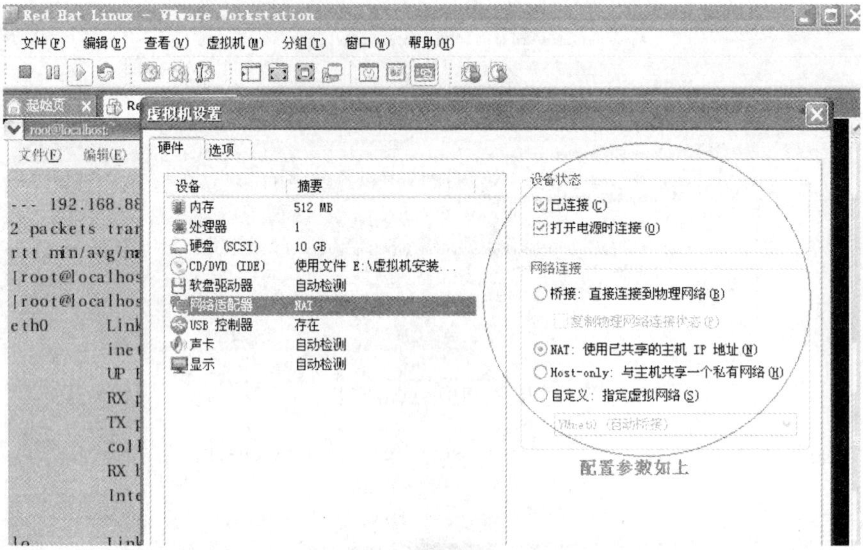

图 2－13　配置虚拟机网络连接为 NAT 方式

配置虚拟机网络适配器，VMware 软件安装后会有两个虚拟网络适配器，开启一个禁用一个，如图 2－14 所示。

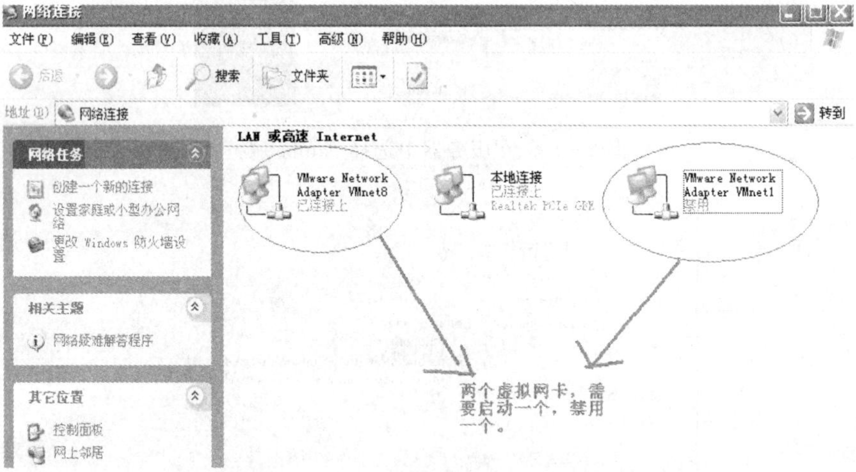

图 2－14　选用虚拟机网络适配器

配置虚拟网卡以及 Linux 下网卡的地址，首先配置 Windows 下虚拟网卡的 IP 地址，如图 2－15 所示。

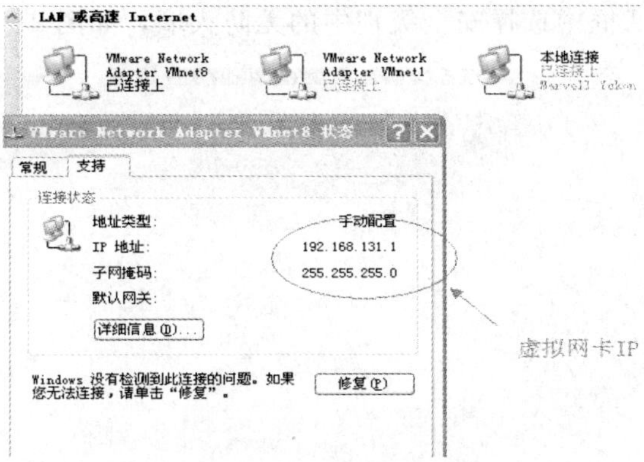

图 2-15　查看虚拟机网络适配器 IP 网段

然后配置 Linux 下网卡的 IP 地址，两个 IP 地址需要在同一网段下，如图 2-16 所示。

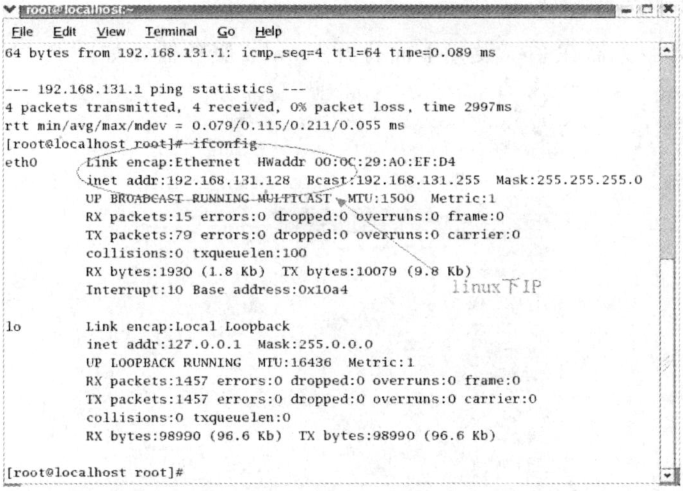

图 2-16　将 Linux IP 与虚拟机网络适配器 IP 配置成同一网段

（3）安全级别设置

RedHat 下 IP 地址以及防火墙的配置首先关闭防火墙，步骤如图 2-17 所示。

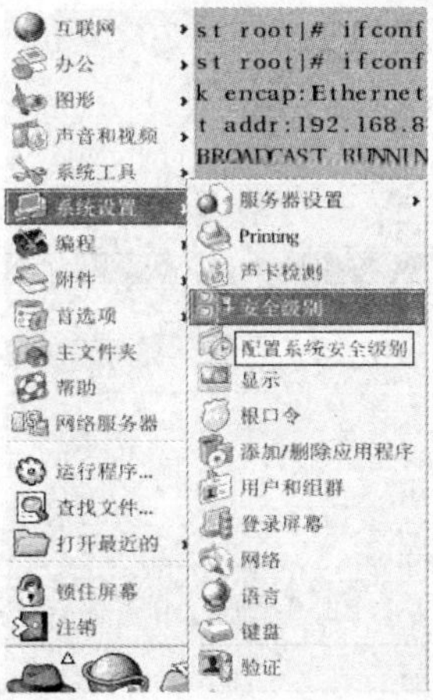

图 2-17　将 Linux 安全等级

然后在打开的对话框中选择安全级别中的无防火墙，如图 2-18 所示。

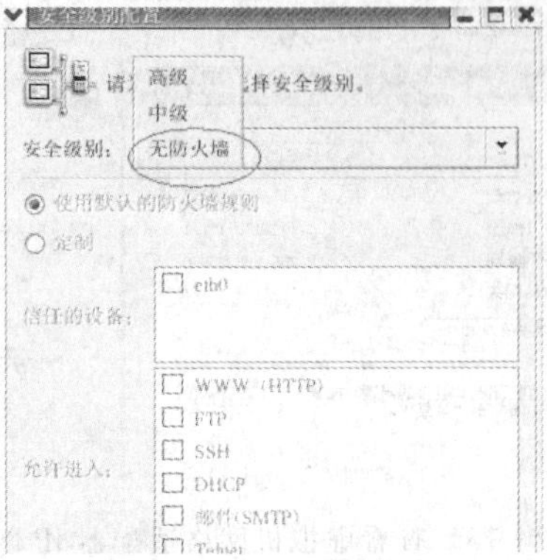

图 2-18　关闭防火墙

（4）Samba 服务器配置

配置 Samba 服务器在系统设置下面打开 Samba 服务器，如图 2-19 所示。

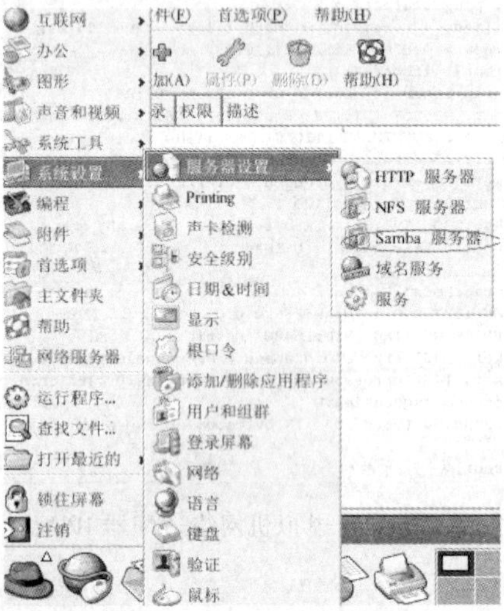

图 2-19　打开 Samba 应用

然后在打开的对话框中依次进行如图 2-20、图 2-21 中的步骤。

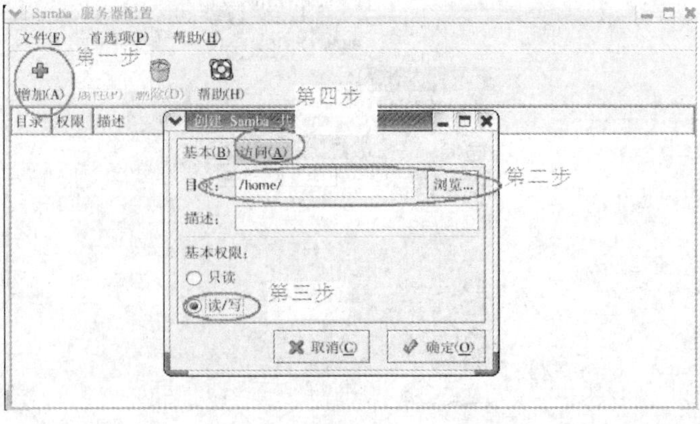

图 2-20　添加共享文件夹

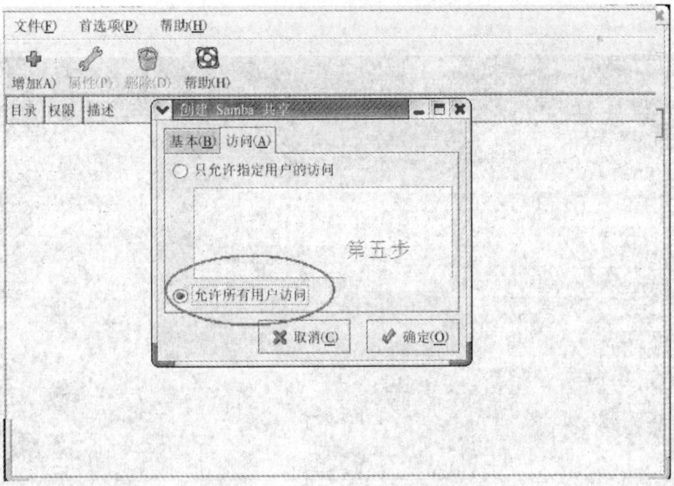

图 2-21　访问用户设置

最后再点击首选项中的服务器设置，如图 2-22 所示。

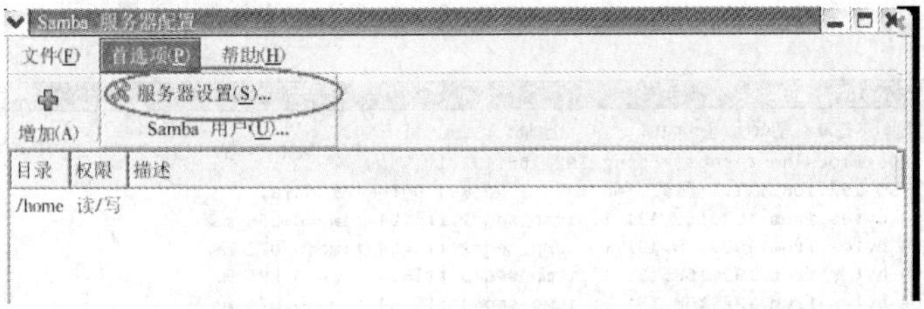

图 2-22　服务器设置

然后在打开的对话框中选择安全性，按照图 2-23 参数进行配置。

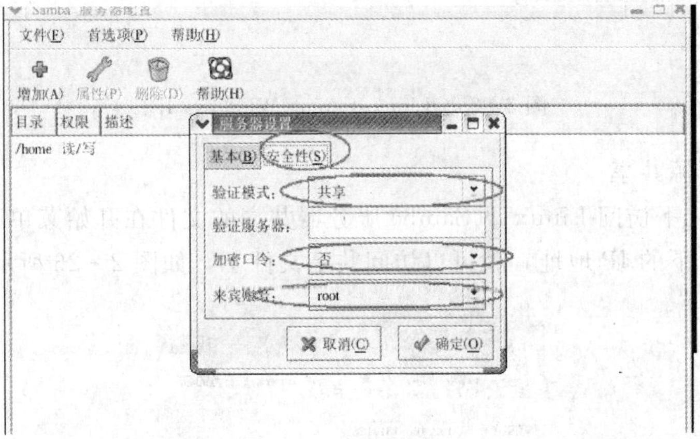

图 2-23　服务器安全设置

Linux 下 ping Windows 下虚拟网卡 IP 或 Windows 下 ping Linux IP，如图 2-24 所示。

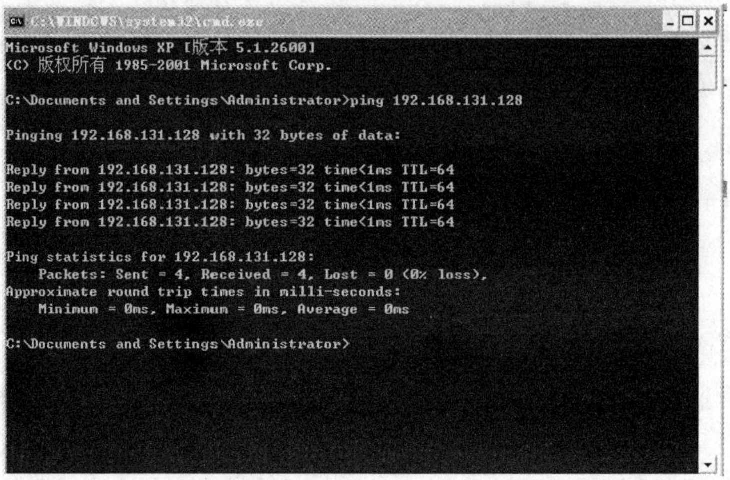

图 2-24　Windows 下 ping Linux IP

Linux 下 ping Windows 下虚拟网卡 IP 或 Windows 下 ping Linux IP，如图 2-25 所示。

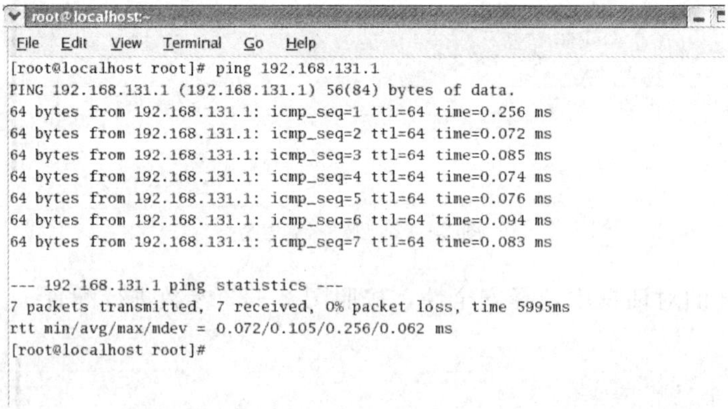

图 2-25　Linux 下 ping Windows IP

（5）实现资源共享

在 Windows 下访问 Linux 下 Samba 服务器共享的文件在开始菜单下的运行对话框里面输入 Linux 下的 IP 地址，就可以访问共享文件了，如图 2-26 所示。

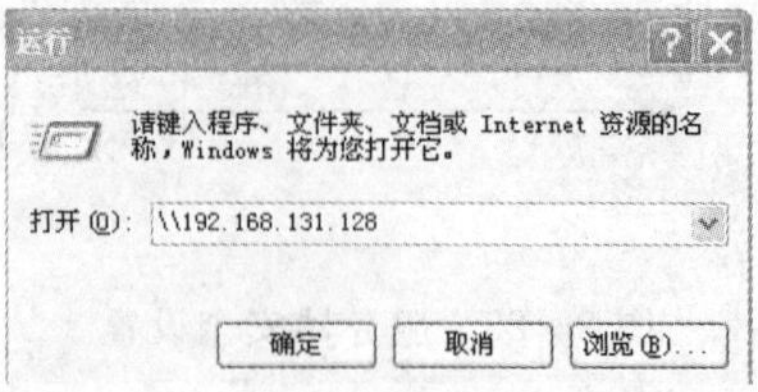

图 2-26　登录共享文件

访问共享文件夹如图 2 - 27 所示。

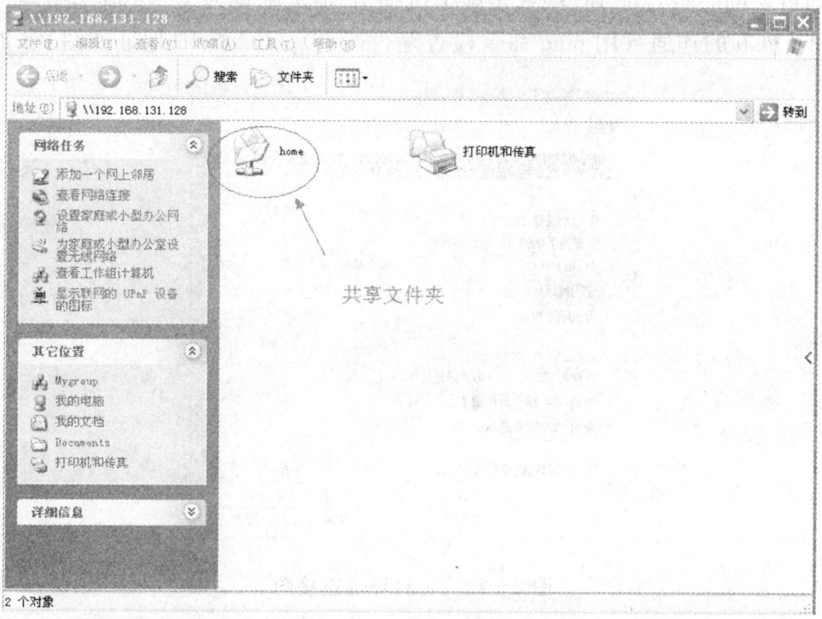

图 2 - 27 共享文件界面

2.4.3 Linux 的 FTP 服务

(1) 虚拟机网络连接方式

虚拟机网络连接方式如图 2 - 28 所示，将 PC 机 Windows 的 IP 地址配置为

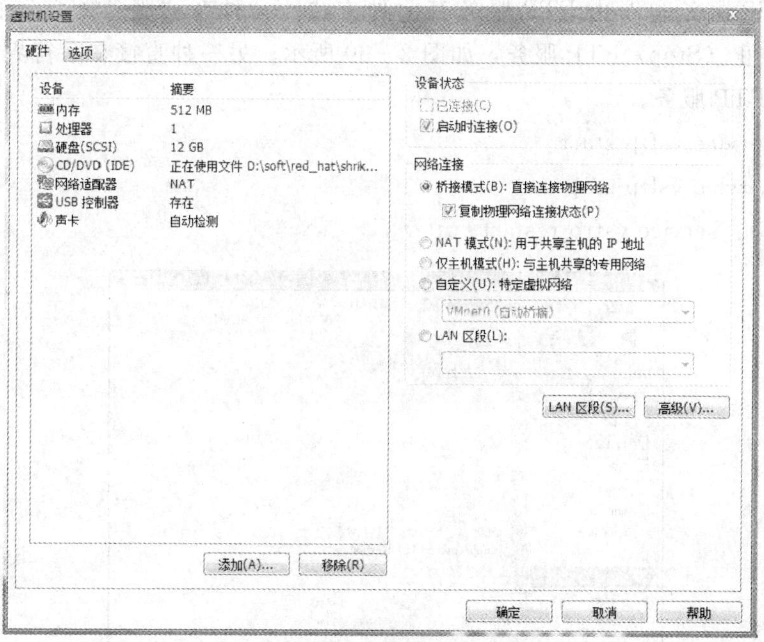

图 2 - 28 虚拟机网络连接方式

192.168.1.101。其他 PC 端或是虚拟机端，Windows 系统或 Linux 系统，只要系统自带 FTP 命令即可，同时将其他 PC 端或是虚拟机端 IP 地址配置为 192.168.1.100。要求保证 PC1 和 PC2～PCn 的连通（用 ping 命令检查是否连通）。PC 机 IP 地址如图 2-29 所示。

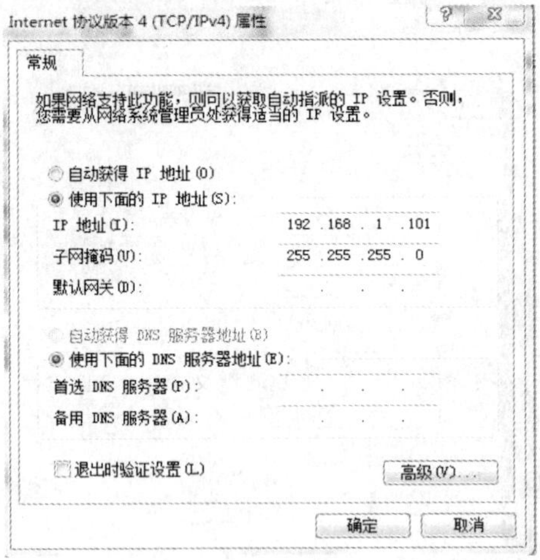

图 2-29　实验环境连接图

（2）FTP 服务器的安装及启动

如果已经将 RedHat Linux 9.0 进行完全安装，则 FTP 服务器软件已经安装。如果没有安装，可以从 RedHat Linux 9.0 的第三张安装盘里找到对应的 RPM 软件包进行安装。

```
rpm - ivh/mnt/cdrom/RedHat/RPMS/vsftpd-1.1.3-8.i386.rpm 安装
service vsftpd start
```

启动 FTP 服务和停止 FTP 服务有两种方法。一种在“服务配置”窗口中开始（Start）和停止（Stop）FTP 服务，如图 2-30 所示；另一种直接在字符界面下用命令启动和停止 FTP 服务。

启动：service vsftp start

关闭：service vsftp stop

重新启动：service vsftp restart

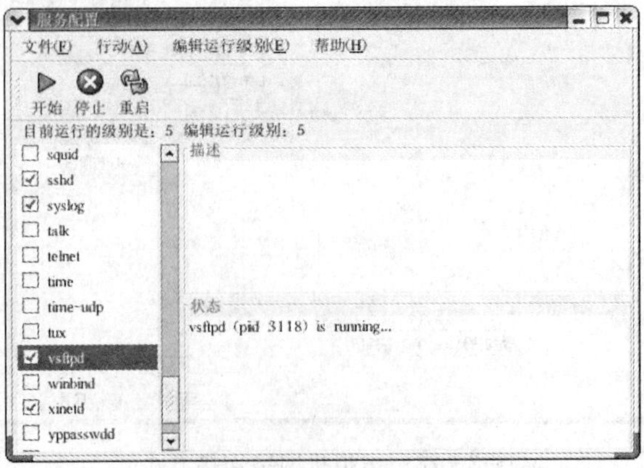

图 2-30　服务配置窗口启动 FTP

Linux 端建立用户并添加登录密码，在终端添加一个用户 ftpuser，建立用户 ftpuser 后，/home/ftpuser 目录即工作目录。添加登录密码如图 2-31 所示。

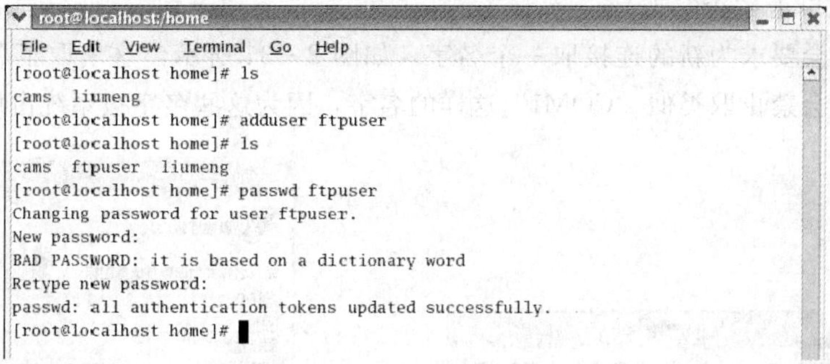

图 2-31　FTP 用户及密码创建

（3）FTP 登录实现资源共享

安装、配置 FTP 服务器后，可以进行验证，检查 FTP 服务器是否已经正常工作。用 FTP 图形工具或 FTP 命令均可访问 FTP 服务器。

常用的图形工具可以使用 CuteFTP、FlashFTP、8UFTP 或 Linux 下的 gFTP。

在客户机端进行双击 8UFTP 软件，在图形界面中输入登录服务器 IP 地址，以及登录用户和密码，如图 2-32 所示。

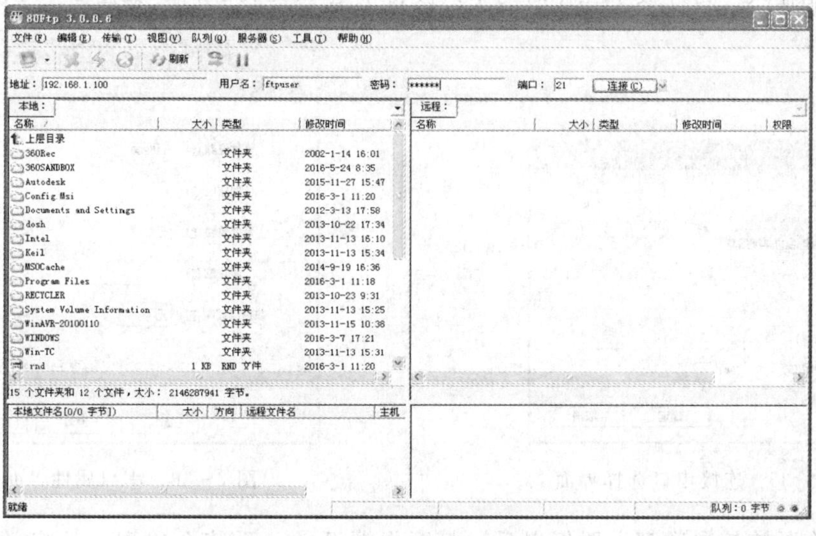

图 2-32　FTP 用户及密码创建

2.4.4　超级终端配置

为了通过串口连接开发板，必须使用一个模拟终端程序，几乎所有的类似软件都可以使用，其中 MS-Windows 自带的超级终端是最常用的选择，安装 Windows 9x 时需要自定义选择安装该项，Windows 2000 及更高版本则已经默认安装。一般桌面版 Linux 系统也自带了类似的串口终端软件，叫 minicom，它是基于命令行的程序，使用比较复杂一些。在此着重介绍 Windows 自带的超级终端程序并以 Windows XP 为例。

超级终端程序通常位于“开始→程序→附件→通讯”中，选择运行该程序，一般会跳出如图 2－33 所示窗口，询问是否要将 HyperTerminal 作为默认的 telnet 程序，此时不需要，因此单击“否”按钮。

超级终端会要求为新的连接取一个名字，如图 2－34 所示，这里取了名字叫“car”，Windows 系统会禁止取类似“COM1”这样的名字，因为这些名字被系统占用了。

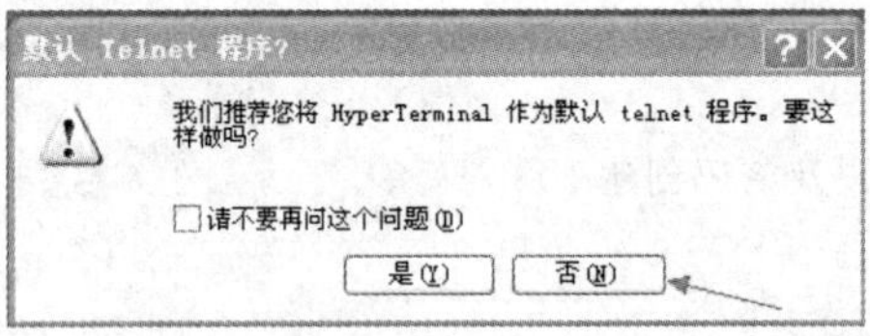

图 2－33　默认 telnet 程序界面

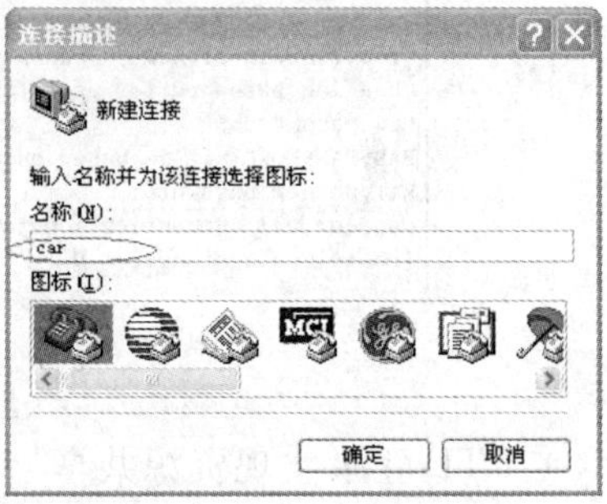

图 2－34　连接名称描述界面

当命名完以后，又会跳出一个对话框，用于选择连接开发板的串口，这里选择了 COM1，如图 2－35 所示。

最后，最重要的一步是设置串口，注意必须选择无流控制，否则，或许只能看到输出而不能输入，另外板子工作时的串口波特率是 115200bit/s，如图 2－36 所示。

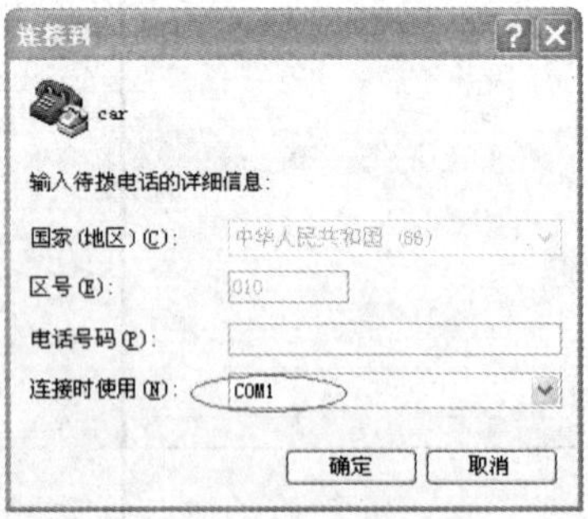

图 2－35　连接串口选择界面

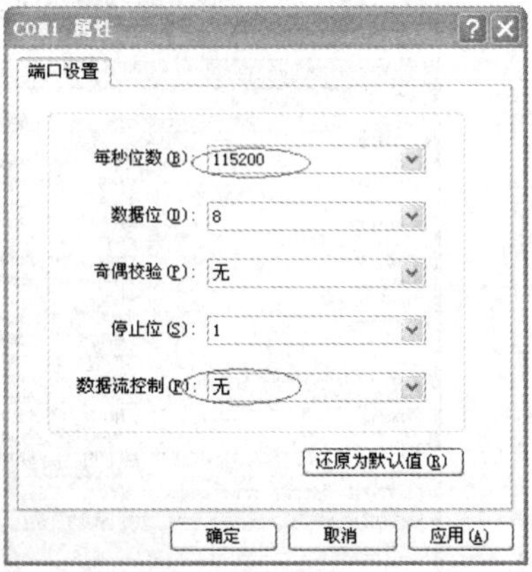

图 2－36　串口属性界面

当所有的连接参数都设置好以后，打开电源开关，系统会出现 vivi 启动界面。选择超级终端“文件”菜单下的“另存为…”，保存该连接设置，以便于以后再连接时就不必重新进行以上设置了。

2.4.5　NFS 配置

NFS 的好处体现在本地工作站使用更少的磁盘空间，因为通常的数据可以存放在一台机器上而且可以通过网络访问到。用户不必在每台机器里头都有一个 home 目录。home 目录可以被放在 NFS 服务器上并且在网络上处处可用。诸如软驱、CDROM 和

Zip（是指一种高储存密度的磁盘驱动器与磁盘）之类的存储设备可以在网络上面被别的机器使用。这可以减少整个网络上的可移动介质设备的数量。完全安装好 Linux 系统后，NFS 相关软件也已经按默认设置安装好了，可以按照以下步骤建立和配置 NFS 服务。

（1）设置共享目录运行命令。

```
#gedit/etc/exports
```

（2）编辑 NFS 服务的配置文件。

注意：第一次打开时该文件是空的，添加以下内容，如图 2-37 所示。

```
/home* (rw, sync, no_root_squash)
```

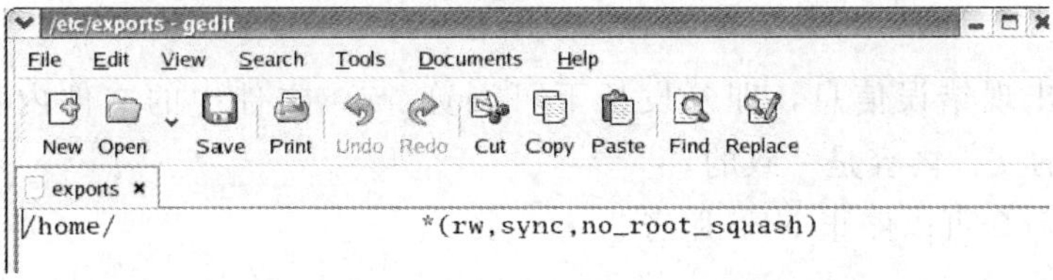

图 2-37　编辑 NFS 配置文件内容

其中：/home 表示 NFS 共享目录，它可以作为开发板的根文件系统通过 NFS 挂接。

* 表示所有的客户机都可以挂接此目录，也可以写入具体 IP，如 192.168.1.100 表示此 IP 可以挂在宿主机上的共享目录；

rw 表示挂接此目录的客户机对该目录有读写的权力；

no_root_squash 表示允许挂接此目录的客户机享有该主机的 root 身份，可以通过命令行和图形界面两种方式启动 NFS 服务。

建立 NFS 服务的目的是通过网络对外提供目录共享服务，但默认安装的系统开启了防火墙，这会导致 NFS 服务无法正常使用。因此需先关闭防火墙，在命令行输入“lokkit”命令。打开防火墙设置界面如图 2-38 所示。

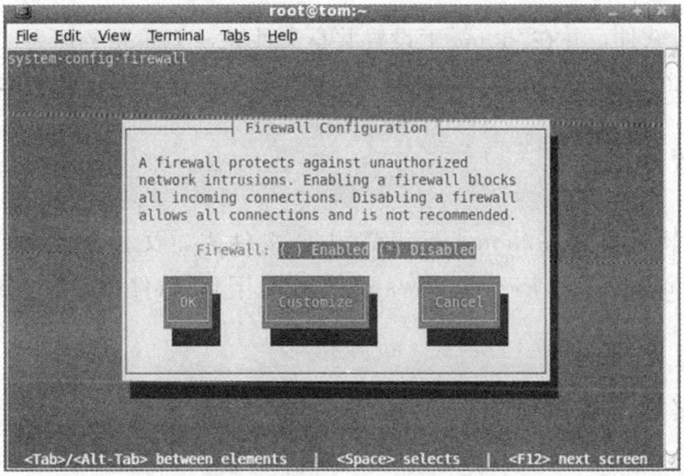

图 2-38　防火墙设置界面

选择其中的“Disabled”，然后选择“OK”后退出，这样就永久关闭了防火墙。

下面是通过命令启动和停止 NFS 服务的方法和步骤，在命令行输入。

```
#/etc/init.d/nfs start
```

这将启动 NFS 服务。在超级终端下输入如下命令可连接开发板和虚拟机下 Linux，实现开发板与虚拟机资源共享。

```
#mount - o nolock localhost：/home /mnt/
```

此处 localhost 为虚拟机的具体 IP，我们给宿主机配置的 IP 是 192.168.1.231。开发板 IP 与虚拟之间 IP 在同一网段，可用 ping 命令检查是否联通。此处我们可以直接输入如下命令。

```
#mount - o nolock l192.168.1.231：/home/mnt/
```

如果没有出现错误信息，即开发板下可浏览/mnt 文件中的文件内容和虚拟机中/home文件中的文件内容是一致的。

使用如下命令可以停止 NFS 服务。

```
#/etc/init.d/nfs stop
```

2.5 任务练习

2.5.1 VMware Tools 使用

安装 VMware Tools 软件，并在/mnt 下设置共享文件夹，文件夹名称为“share”，Linux 终端创建 myfile1 文件，使用共享文件夹将 myfile1 文件移至 Windows 桌面。

2.5.2 Samba 软件配置

安装 Samba 软件，并在/home 下设置共享文件夹，文件夹名称为“share”，Linux 终端创建 myfile2 文件，使用共享文件夹将 myfile2 文件移至 Windows 桌面。

2.5.3 FTP 软件配置

配置 FTP 软件，并在/home 下设置共享文件夹，文件夹名称为“ftpshare”，Linux 终端创建 myfile3 文件，Windows 端使用 8UFTP 软件传输 myfile3 文件，将其复制到 Windows 桌面。

2.5.4 超级终端配置及使用

配置超级终端，并作超级终端控制开发，并在开发板/home 下创建 myfile4 文件，并用 vi 打开 myfile4 文件，编写内容“hello world”，保存退出。

2.5.5　NFS 软件配置及使用

配置 NFS 软件，设置共享文件在/home 下，开发板端挂载到/mnt 文件下，Linux 终端创建 myfile5 文件，开发板端将共享文件 myfile5 移至开发板/opt 文件下。

项目3 Linux shell 脚本

3.1 项目描述

本项目的主要学习内容包括：学习 shell 脚本的语义语法规则，通过阶乘计算、比较数值大小、打印输入输出、九九乘法表以及签到系统等具体项目案例，掌握 shell 脚本的变量、判断、循环、表达式的使用。

3.2 教学目标

通过此项目让学生学会如何编写 shell 脚本，通过本章的学习让学生掌握交互式智能家居机器人的嵌入式系统 Linux 系统终端命令的操作，通过脚本的一个操作执行多个终端命令，在完成任务的同时提高完成工作任务的效率和自动化部署。能够编写脚本程序完成任务为后续所学更加复杂的内容打下坚实的基础。

3.3 知识准备

3.3.1 什么是 shell

简单点理解，就是系统跟计算机硬件交互时使用的中间介质，它只是系统的一个工具。实际上，在 shell 和计算机硬件之间还有一层东西那就是系统内核了。用户直接面对的不是计算机硬件而是 shell，用户把指令告诉 shell，然后 shell 再传输给系统内核，接着内核再去支配计算机硬件去执行各种操作。我们可以把几个或者几十个 Linux 命令添加在一个文件中然后执行，还可以把这个可执行的文件叫做 shell 脚本。

3.3.2 shell 脚本基本语法和语义

```
#! /bin/sh
```

程序必须以上面的内容开头（必须放在文件的第一行）。符号“#!”用来告诉后面的参数是用来执行该文件的程序，所以建议大家就把“#! /bin/sh”当成 C 语言的 main 函数一样，写 shell 必须有，以使 shell 程序更严密。

当编辑好脚本时，如果要执行该脚本，可以在终端用 shell filename 直接来解析运行脚本程序，也可以将该文件添加可执行权限，然后在终端运行。添加脚本的使用权限，一般用命令 `chmod + x filename` 完成。

注释：一行的开头如果是“#”，除 shell 脚本的第一行“#!”外，表示这行是注释说明。

在控制流中常常会出现“[]”，注意中括号前后的空格必须有，否则执行脚本时会提示错误。

两条语句或多条语句在同一行时可以“;”来区分不同语句。当然也可以用每一条语句占据每一行来实现语句间的区分。

（1）对变量赋值

```
#! /bin/sh
a = "hello every one"
echo "a is" $a
```

（2）`WC` 命令

WC 字数统计，它可以算出行数（line）、字数（word）、字符数（character）。

（3）`|` 管道命令

将一个命令的输出作为另一个命令的输入。

```
#grep "a" helloworld | wc -l
```

（4）`>`，`>>` 重定向命令

将命令的结果输出到文件中（不输出到屏幕）。

`>` 写入文件并覆盖旧的文件。

`>>` 加到文件尾部，保留旧文件内容。

```
cat helloworld>log
cat helloworld>>log
```

（5）终端输入 read，终端输出 echo 和 printf 命令

```
echo "Enter password1: \n"
#关闭自动打印输出字符
stty -echo
read password1</dev/tty
```

```
#注意printf和echo输出有什么不同，echo输出后会自动换行，而printf输出后要用\n来换行。
printf "Enter again:"
read password2</dev/tty
echo $password2
#开启自动打印输出字符
  stty echo
  echo $password2
```

注意：上例中用echo命令对于password2有两次输出，而在终端实际输出只有一次，这是因为第一次输出时，终端没有开启自动打印功能。

(6) if 语句格式

```
if…; then
  …
  elif…; then
  …
  else
  …
fi
```

注意：if的结尾是fi，别忘了这个结尾，如果在同一行输入两条语句需要在第一条语句结尾加“;”。

(7) while语法结构

```
    while argument; do
  statement
  ……
done
```

常见用法，无限循环。

while中无限循环使用（（1））或者［1］。

```
while ( ()); do
command
….
done
```

注意：do和done是一对，以do开始以done结束。

(8) shell中的计算表达式

```
expr expression
x=1
x=$ (expr $x+1)
```
或者 `x='expr $x+1'`

注意：$x+1之间有空格。

乘法表达式符号为*，这里为什么单独提及了乘法，实在是因为乘法预算符号

出乎我们多数人想象。total='expr $total * $i'

运算符号如下：

加法 +

减法 -

乘法 *

除法 /

注意：表达式中“'”是次符号并不是单引号。

3.4 任务实现

3.4.1 编写 shell 脚本，利用循环计算 10 的阶乘

```
    lesss1
    #! /bin/sh
factorial=1
    i=1
for a in 'seq 1 10'
do
      factorial='expr $factorial \* $a'
        echo "$i ! = $factorial"
        i='expr $i+1'
done
```

(1) lesss1 shell 脚本循环计算 10 的阶乘程序编辑，界面如图 3-1 所示。

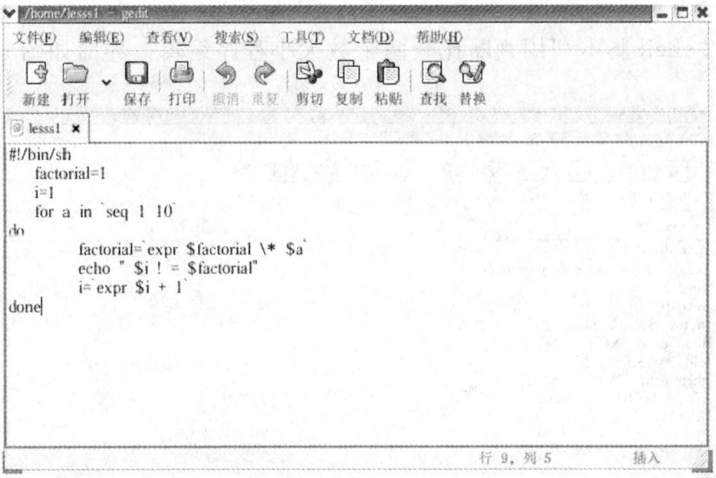

图 3-1 RedHat 循环计算 10 的阶乘程序编辑界面

(2) 在 RedHat 终端中利用命令运行 #./lesss1 shell 脚本，界面如图 3-2 所示。

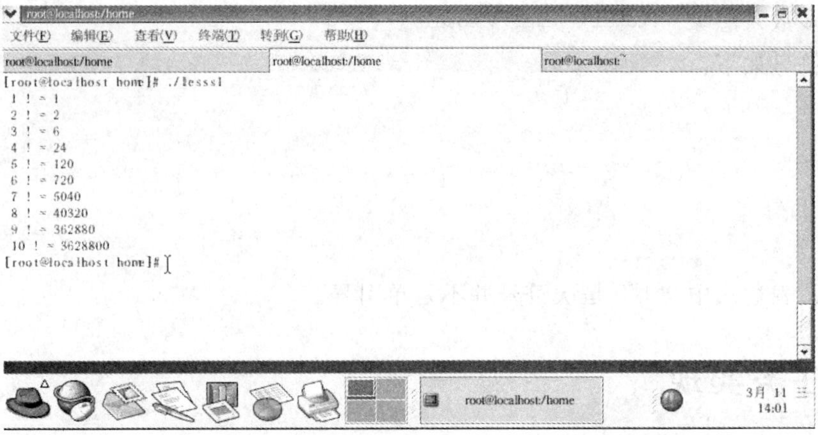

图 3-2 RedHat 终端运行 lesss1 shell 脚本界面

3.4.2 编写 shell 脚本，利用判断比较两个数大小

```
    lesss2
    #/bin/bash
echo "please enter two number:"
read a
read b
if test $a -eq $b
    then echo "NO.1 = NO.2"
elif test $a -gt $b
    then echo "NO.1 > NO.2"
    else echo "NO.1 < NO.2"
fi
```

（1）lesss2 shell 脚本利用判断比较两个数大小程序编辑，界面如图 3-3 所示。

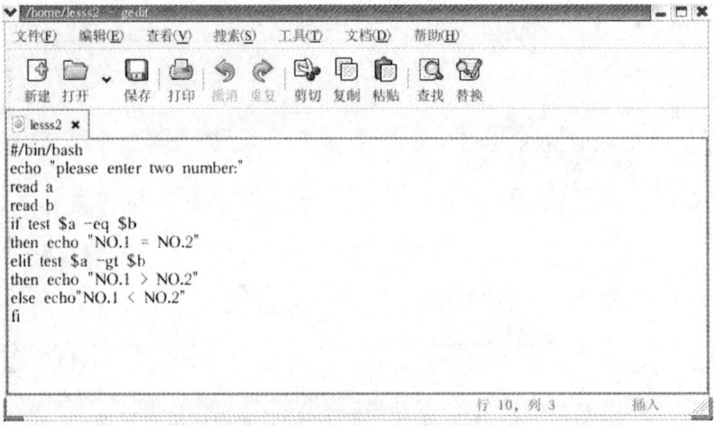

图 3-3 RedHat 利用判断比较两个数大小程序编辑界面

（2）在 RedHat 终端中利用命令运行 #./ lesss2 shell 脚本，界面如图 3－4 所示。

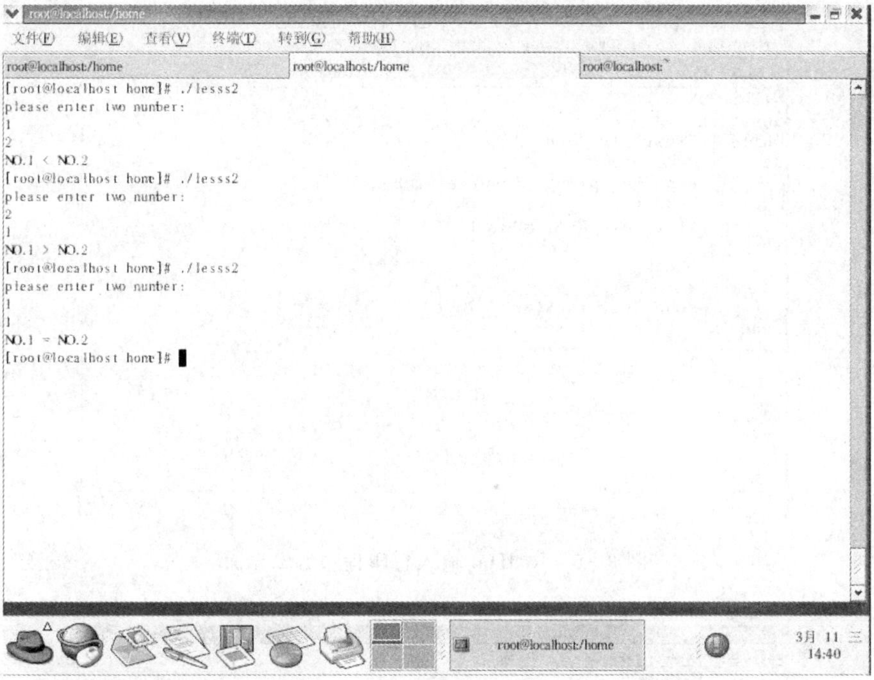

图 3－4　RedHat 终端运行 Lesss 2 shell 脚本界面

3.4.3　编写 shell 脚本，键盘循环输入

（1）执行后打印一行提示"Please input a number:"，要求用户输入数值，然后打印出该数值，然后再次要求用户输入数值。直到用户输入"end"停止。

```
    lesss3
#! /bin/sh
unset var
while [" $var"! = "end"]
do
        echo -n "please input a number:"
        read var
        if [" $var" = "end"]
then
        break
fi
        echo "var is $var"
done
```

（2）lesss3 shell 脚本利用判断比较两个数大小程序编辑，界面如图 3－5 所示。

（3）在 RedHat 终端中利用命令运行 #./ lesss 3 shell 脚本，界面如图 3－6 所示。

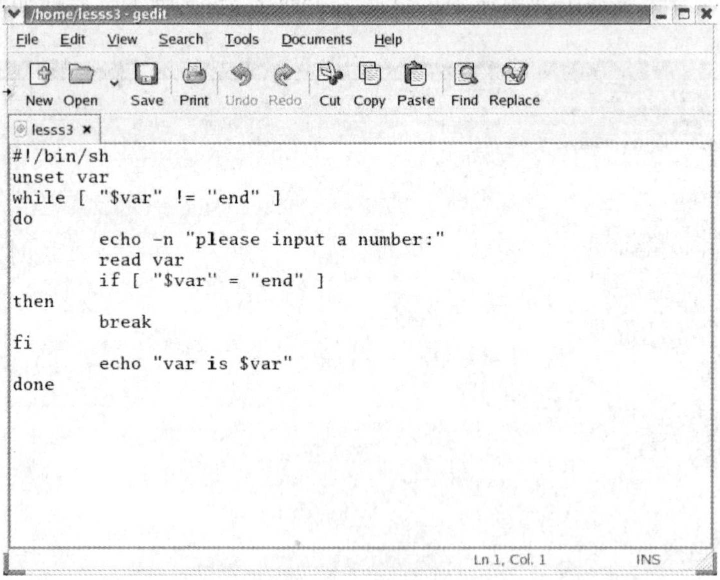

图 3-5 RedHat 输入打印程序编辑界面

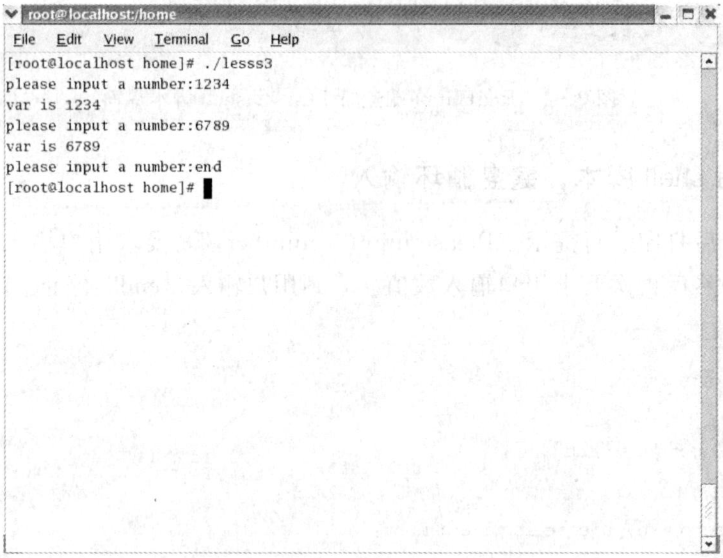

图 3-6 RedHat 终端运行 lesss 3 shell 脚本界面

3.4.4 编写 shell 脚本，实现打印出九九乘法表

```
    lesss4
#! /bin/sh
    for ( (i=1; i<=9; i++))
 do
    for ( (j=1; j<=1; j++))
```

```
        do
        let "temp=i*j"
        echo -n "$j*$i=$temp"
done
        echo ""
done
  exit 0
```

（1）lesss4 shell 脚本实现打印出九九乘法表的功能程序编辑，界面如图 3－7 所示。

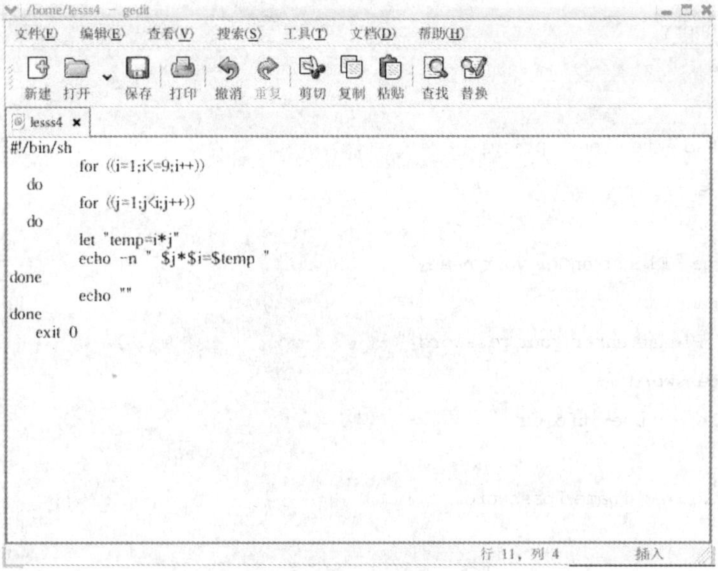

图 3－7　RedHat 输入打印九九乘法表程序编辑界面

（2）在 RedHat 终端中利用命令运行“#./” lesss4 shell 脚本，界面如图 3－8 所示。

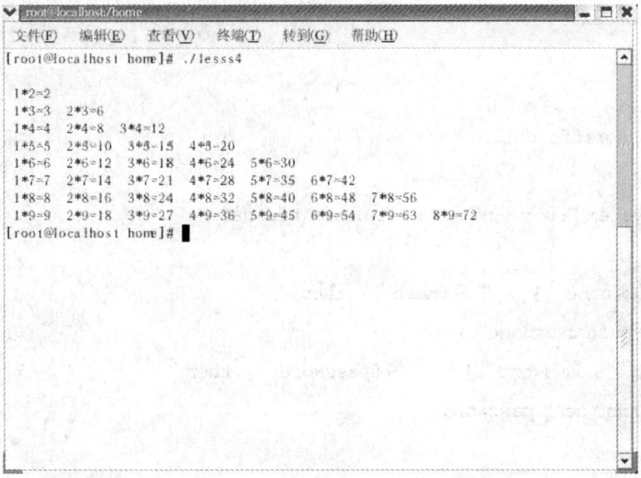

图 3－8　RedHat 终端运行 lesss4 shell 脚本界面。

3.4.5 编写 shell 脚本，实现一个签到系统的功能

```
    lesss5
#! /bin/sh
clear
while [1]
do
echo "**************welcome to use this system**************"
echo "1) sign in"
echo "2) sign out"
echo "3) query"
echo "*****************************************************
**************"
echo "Please enter your option:"
read choice
case $choice in
    1) echo "Please enter your name:"
    read name
    echo "Please enter your password:"
    read password
    if test -r userinfo.dat
    then
      while read fname fpassword
      do
        if test "$fname" = "$name"
        then
          if test "$fpasswd" = "$passwd"
          then
            break
          fi
        fi
      done<userinfo.dat
    else
      echo System Error : no such file userinfo.dat
    fi
    if test "$name"! = "$fname"; then
    echo "no such username"
    elif test "$password"! = "$fpassword"; then
    echo "cannot mach password"
    else
      hour='date + %H'
```

```
    if test " $hour " -gt 8
      then
        echo " you late"
        echo " $name you late ——date: 'date'"
        echo " $name you late ——date: 'date' ">> check.dat
      else
        echo " good moring"
    fi
  fi;;
  2) echo " input your name:"
  read name
  echo " input password:"
  read password
  if test -r userinfo.dat
  then
    while read fname fpassword
    do
      if test " $fname " = " $name"
      then
        if test " $fpasswd " = " $passwd"
        then
        break
        fi
      fi
    done < userinfo.dat
  else
  echo System Error : no such file userinfo.dat
  fi
  if test " $name " != " $fname"
  then
    echo " no such name"
  elif test " $password " != " $fpassword"
  then
    echo " cannot mach password"
  else
    hour='date + %H'
    if test " $hour " -lt 18
    then
      echo " workout early"
      echo " $name workout early--'date'"
      echo " $name workout early--'date' ">>check.dat
    else
```

```
        echo " $name workout ——'date'"
        echo " workout! goodbye"
      fi
    fi;;
    3) echo " input your name:"
    read name
    echo " input your password:"
    read password
    if test -r userinfo.dat
    then
      while read fname fpassword
      do
        if test " $fname " = " $name"
        then
          if test " $fpasswd " = " $passwd"
          then
            break
          fi
        fi
      done < userinfo.dat
    else
      echo System Error : no such file userinfo.dat
    fi
    if test " $name "! = " $fname"
    then
      echo " no such name"
    elif test " $password "! = " $fpassword"
    then
      echo " cannot mach password"
    else
      echo " your record"
      echo " -----------------------------------------"
      cat -b check.dat | grep $name
      echo " -----------------------------------------"
    fi;;
    *) echo " please choice again"
    esac
done
```

(1) 在 RedHat 终端中利用命令运行 `# ./Vlesss5` shell 脚本前，需要先在同级目录底下创建数据库，数据库命名为 `userinfo.dat`。`userinfo.dat` 里面内容可以自己设置任意初始账户与密码，界面如图 3-9、图 3-10 所示。

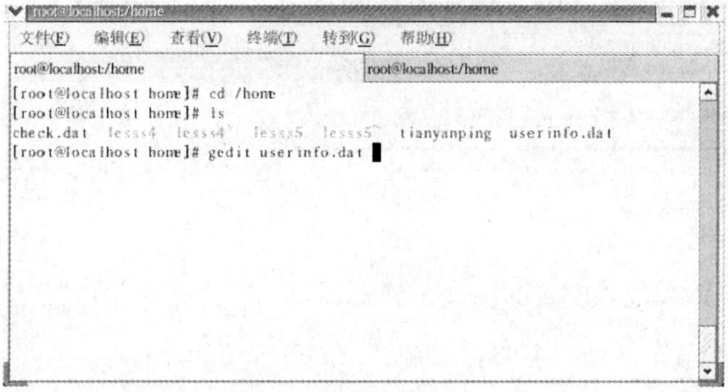

图 3－9　在/home 底下创建以 userinfo.dat

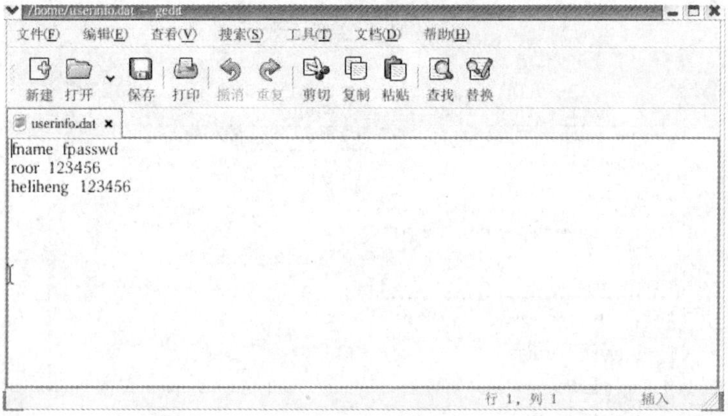

图 3－10　数据库编辑界面

（2）在 RedHat 终端中利用命令运行 # ./ lesss5 shell 脚本，界面如图 3－11 至图 3－14 所示。

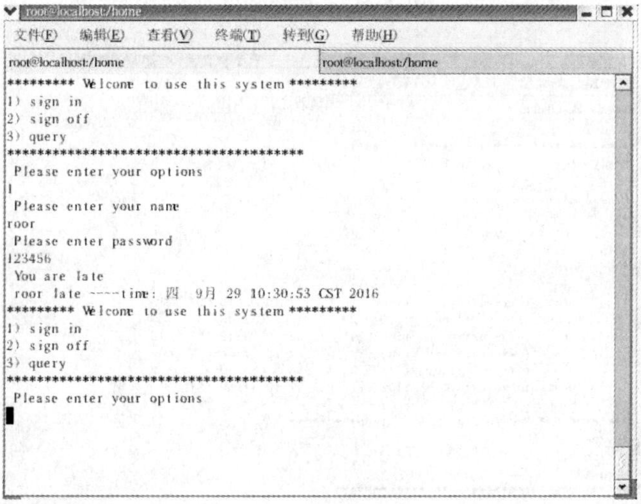

图 3－11　签到成功

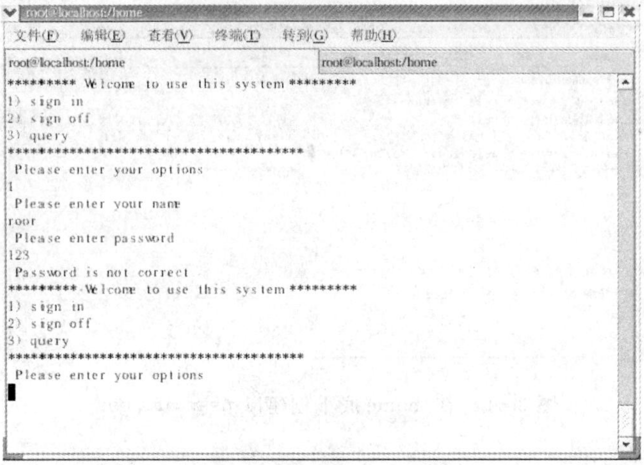

图 3-12　签到无效

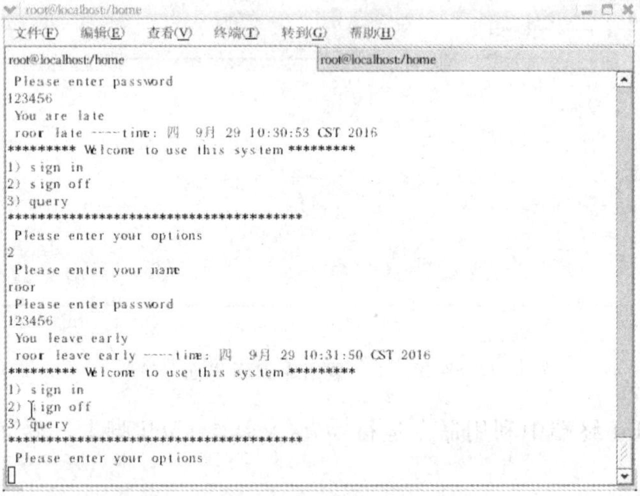

图 3-13　成功签出

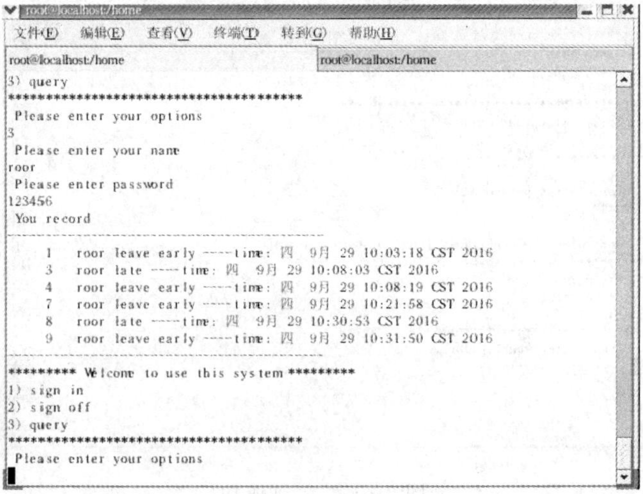

图 3-14　信息查询

3.5　任务练习

3.5.1　设备文件判断脚本

编写一个判断文件是不是字符设备文件的脚本程序，如果是将其拷贝到 /dev 目录下。

3.5.2　拷贝文件脚本

编写一个名为 copy 的脚本程序，格式 copy ＜file1＞ ＜file2＞。如果 file1 不存在，请提示；如果 file2 不存在，并创建它。

3.5.3　删除文件脚本

编写一个名为 del 的脚本程序，先检查所给文件是否存在。如果文件不存在，请给出提示；如果存在，完成对其的完全删除。

3.5.4　阶乘计算脚本

编写一个名为 mul 的脚本程序，参数为 1＜10 的正整数。先检查参数是否符合要求。如果不符合要求，请给出提示。如果符合请分别输出其阶乘值。

3.5.5　素数判断脚本

编写一个名为 check 的脚本程序，参数为 1＜100 的正整数。先检查参数是否符合要求。如果不符合要求，请给出提示；如果符合要求，检查其是否为素数，并给出结果“This is a prime number”或“This is not a prime number”。

项目4 Mini2440开发板使用

4.1 项目描述

本项目的主要内容是：了解Mini2440开发板硬件接口，学习Mini2440开发板的引导程序烧写，学习Mini2440开发板的驱动内核烧写，学习Mini2440开发板的文件系统烧写，学习Mini2440开发板程序的编写。编写Mini2440 Hello应用程序、编写Mini2440 LED应用程序。通过终端调试查看程序运行结果。

4.2 教学目标

通过此项目让学生了解Mini2440开发板的硬件，学会Mini2440开发板系统烧写下载，编写简单测试程序，为后续项目开发奠定基础。

4.3 知识准备

4.3.1 Mini2440开发板硬件

开发板硬件如图4-1所示。

Mini2440开发板硬件资源特性如下。

(1) CPU处理器

Samsung S3C2440A，主频400MHz，最高533MHz。

图 4－1　开发板硬件外观

（2）SDRAM 内存

64M SDRAM，32bit 数据总线一，SDRAM 时钟频率高达 100MHz。

（3）FLASH 存储

256M/1GB Nand Flash，掉电非易失（用户可定制 64M/128M/256M/512M/1G），2M Nor Flash，掉电非易失，已经安装 BIOS。

（4）LCD 显示

开发板上集成 4 线电阻式触摸屏接口，可以直接连接四线电阻触摸屏；支持黑白、4 级灰度、16 级灰度、256 色、4096 色 STN 液晶屏，尺寸从 3.5 寸到 12.1 寸，屏幕分辨率可以达到 1024×768（px）；支持黑白、4 级灰度、16 级灰度、256 色、64K 色、真彩色 TFT 液晶屏，尺寸从 3.5 寸到 12.1 寸，屏幕分辨率可以达到 1024×768（px）；标准配置为统宝 3.5 "真彩 LCD，分别率 240×320（px），带触摸屏。

（5）接口和资源

1 个 100M 以太网 RJ－45 接口（采用 DM9000 网络芯片）；

3 个串行口；

1 个 USB Host；

1 个 USB Slave B 型接口；

1 个 SD 卡存储接口；

1 路立体声音频输出接口，1 路麦克风接口；

1 个 2.0mm 间距 10 针 JTAG 接口；

4 USER Leds；

6 USER buttons（带引出座）；

1 个 PWM 控制蜂鸣器；

1 个可调电阻，用于 A/D 模数转换测试；

1 个 I^2C 总线 AT24C08 芯片，用于 I^2C 总线测试；

1 个 2.0 mm 间距 20pin 摄像头接口；

板载实时时钟电池；
电源接口（5V），带电源开关和指示灯。
（6）系统时钟源
2M 无源晶振。
（7）实时时钟
内部实时时钟（带后备锂电池）。
（8）扩展接口
1 个 34 pin 2.0mmGPIO 接口；
1 个 40 pin 2.0mm 系统总线接口。
（9）规格尺寸
100×100（mm）。
（10）操作系统支持
Linux2.6.32.2+Qtopia-2.2.0；
WindowsCE.NET 6.0（R3）。

4.3.2 Mini2440 开发板系统特性

（1）版本
Linux 2.6.32.2（BSP 可自适应 64M/128M/256M/512M/1GB Nand Flash）。
（2）支持的文件系统
yaffs2（可读写的文件系统，推荐使用）；
cramfs（压缩的只读文件系统，不在线更新数据时推荐使用）；
Ext2；
Fat32；
NFS（网络文件系统，开发驱动程序及应用程序时方便使用）。
（3）基本驱动程序
3 串口标准驱动；
DM9000 驱动程序；
音频驱动（UDA1341）（可录音）；
RTC 驱动（可掉电保存时间）；
用户 LED 灯驱动；
USB Host 驱动；
真彩 LCD 驱动（含 1024×768VGA 驱动）；
触摸屏驱动；
免驱的万能 USB 摄像头驱动；
USB 鼠标、USB 键盘驱动、U 盘、移动硬盘；
SD 卡驱动，可支持高速 SD 卡，最大容量可达 32G；
I^2C-EEPROM；
PWM 控制蜂鸣器；

LCD 背光驱动；

A/D 转换驱动；

看门狗驱动（看门狗复位相当于冷复位）。

（4）Linux 应用及服务程序

busybox1.13（Linux 工具集，包含常用 Linux 命令等）；

Telnet、Ftp、inetd（网络远程登录工具及服务）；

boa（web server）；

madplay（基于控制台的 mp3 播放器）；

snapshot（基于控制台的抓图软件）；

ifconfig、ping、route 等（常用网络工具命令）。

（5）嵌入式图形系统平台

Qt/Embedded 2.2；

分为 X86 和 arm 两个版本；

实用的 Qtopia 测试程序。

4.3.3　Mini2440 开发板接口布局及跳线

（1）跳线说明

开发板上只有一个跳线 J2，它用于选择 LCD 驱动板的输入电压，在标准配置中，所接为 3.5 寸 LCD，电压选择为 5V。

（2）接口布局

Mini2440 接口布局如图 4-2 所示，它在十分紧凑的 100×100（mm）面积上精致地安排了各种常用接口，还引出了供开发测试用的富余的 I/O 口和总线接口。

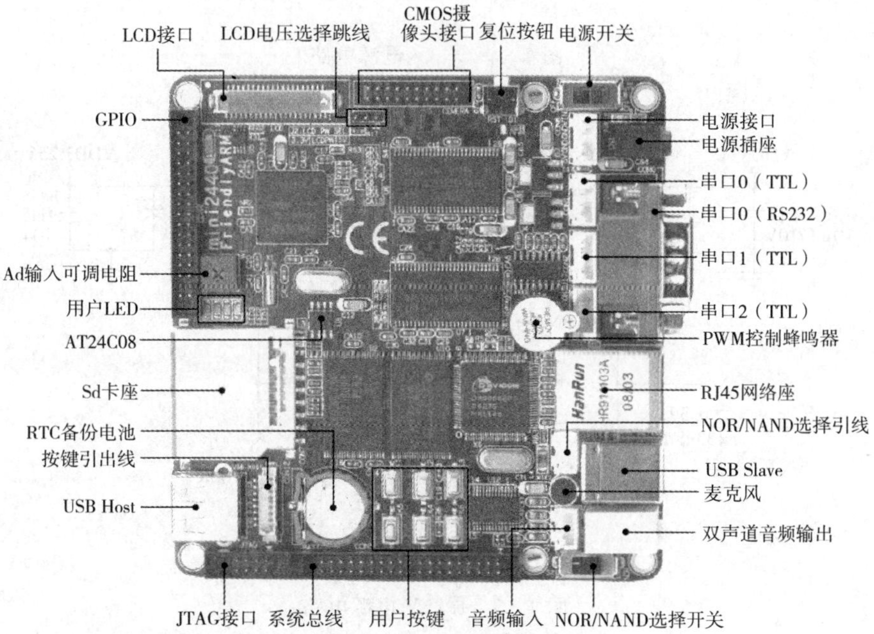

图 4-2　Mini2440 接口布局图

（3）电源系统及接口

本开发板的电源系统比较简单，直接使用外接的5V电源，通过降压芯片产生整个系统所需要的三种电压：3.3V、1.8V、1.25V，如图4－3至图4－5所示。

需注意的是，本开发板并非面向手持移动设备设计，因此它不具备完善的电源管理电路。整个系统的电源通断是由S1拨动开关控制的，不能通过软件实现开关机。

为了方便用户外接其他电源，还设计了一个电源接口CON8，它是一个白色2.0mm间距的单排插座，中间均为“地”，两侧均为5V。注意这两个5V并非是相通的，其中一个连接了外部电源的5V，另外一个则连接了经过拨动开关S1之后的5V。

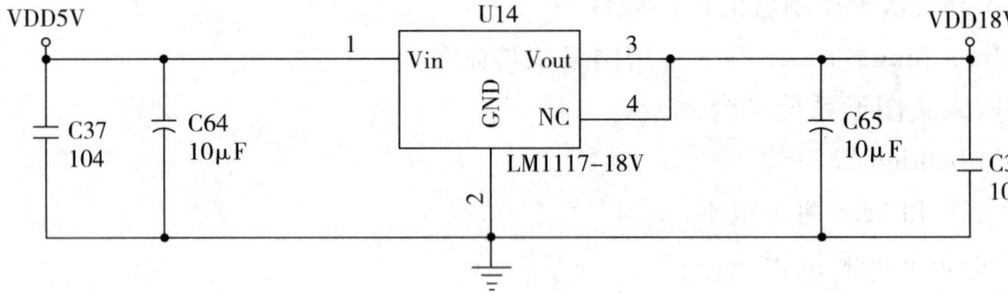

图4－3　1.8V电源电路

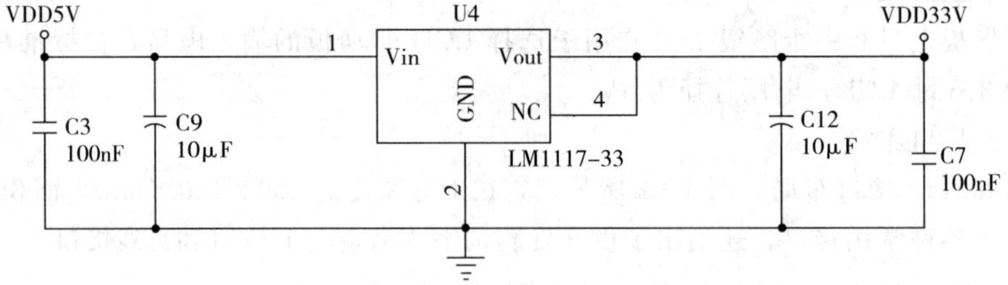

图4－4　3.3V电源电路

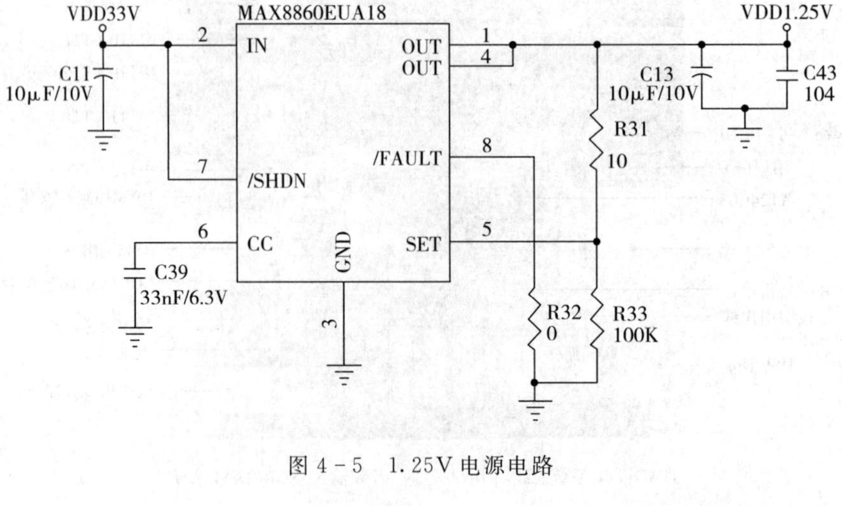

图4－5　1.25V电源电路

它们的连接关系和相应的实物标称如图 4-6、图 4-7 所示。

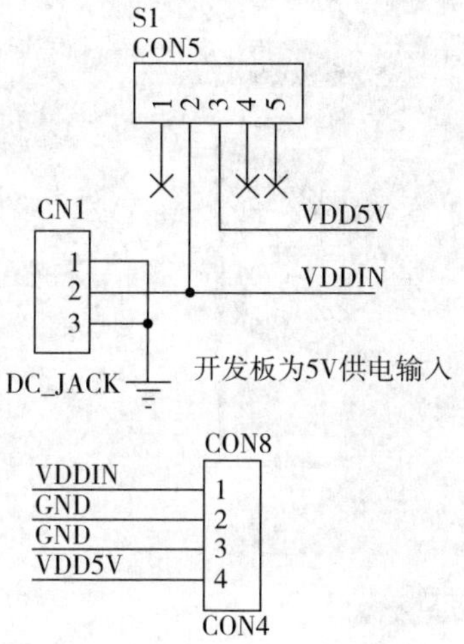

图 4-6　拨动开关和电源接口连接关系图

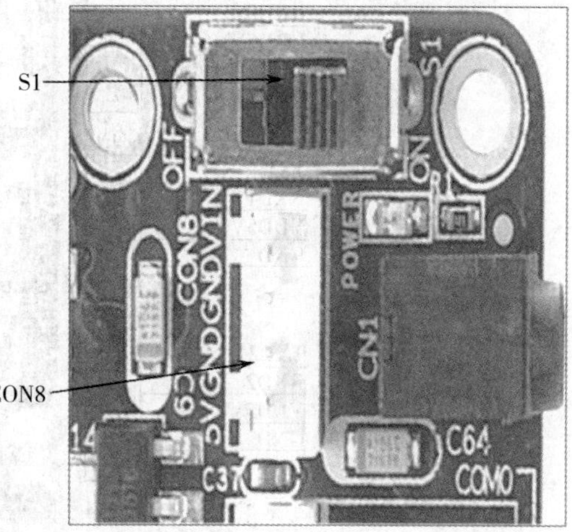

图 4-7　拨动开关和电源接口实物图

（4）复位系统

开发板采用专业的复位芯片 MAX811 实现 CPU 所需要的低电平复位，如图 4-8 所示。

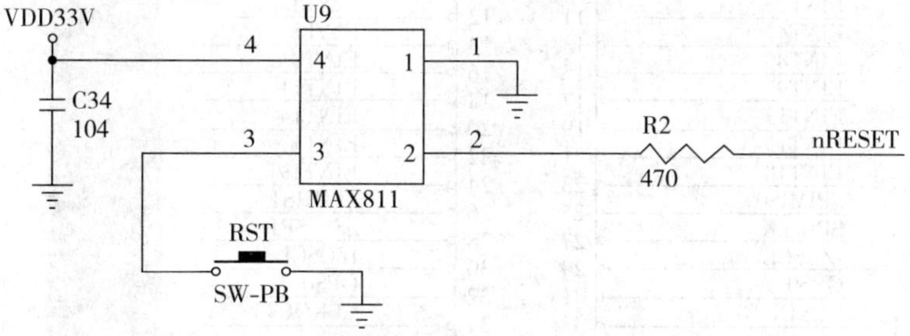

图 4-8　复位系统原理图

（5）串口

S3C2440 本身总共有 3 个串口 UART0、UART1、UART2，其中 UART0、UART1 可组合为一个全功能的串口，在大部分的应用中，只用到 3 个简单的串口功能（本开发板提供的 Linux 和 WinCE 驱动也是这样设置的），即通常所说的发送（TXD）和接收（RXD），它们分别对应板上的 CON1、CON2、CON3，这 3 个接口都是从 CPU 直接引出的，是 TTL 电平。为了方便用户使用，其中 UART0 做了 RS232 电平转换，它们对应于 COM0，可以通过附带的直连线与 PC 机互相通信。

CON1、CON2、CON3 在开发板上的位置和原理图中的连接定义对应关系如图 4-9所示。

（6）GPIO

GPIO 是通用输入/输出口的简称，本开发板带有一个 34 Pin 2.0mm 间距的 GPIO 接口，标称为 CON4，如图 4-10 所示。

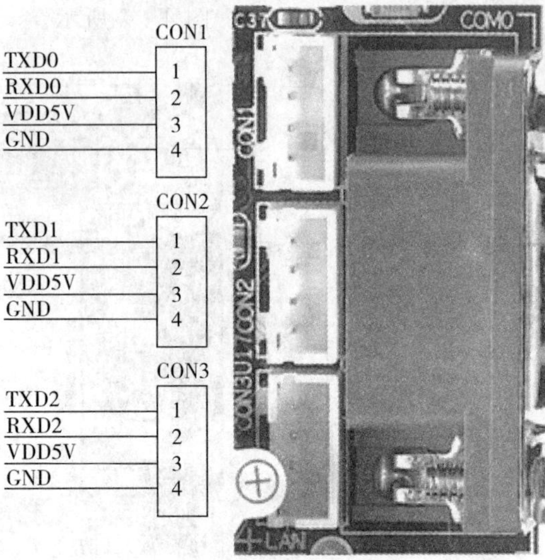

图 4-9　串口连接定义

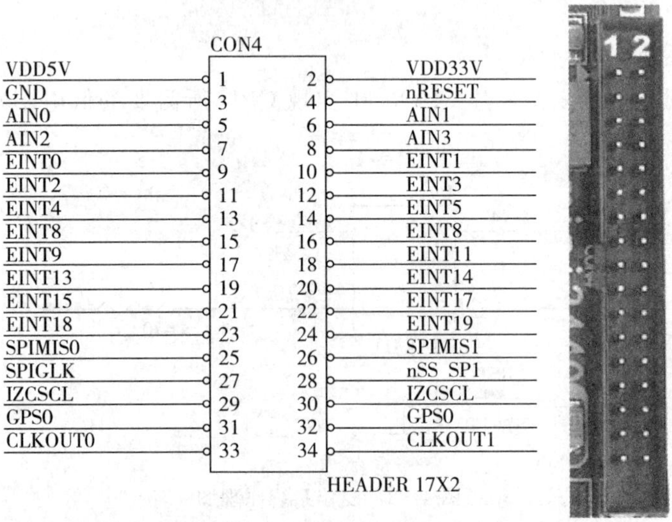

图 4-10　GPIO 接口定义

实际上，CON4 不仅包含了很多富余的 GPIO 引脚，还包含了一些其他 CPU 引脚，如 AD0-AIN3、CLKOUT 等。图中的 SPI 接口、I^2C 接口、GPB0 和 GPB1 等，其实也是 GPIO，不过是以特殊功能接口来标称定义的，这些都可以通过相应的 CPU 寄存器来设置更改它们的用途，详细的接口资源见表 4-1 所列。

表 4-1　CON4 引脚说明

CON4	网络名称	说明（有些端口可复用）
1	VDD5V	5V 电源（输入或者输出）
2	VDD3.3V	3.3V 电源（输出）
3	GND	地

（续表）

CON4	网络名称	说明（有些端口可复用）
4	nRESET	复位信号（输出）
5	AIN0	AD 输入通道 0
6	AIN1	AD 输入通道 1
7	AIN2	AD 输入通道 2
8	AIN3	AD 输入通道 3
9	EINT0	EINT0/GPF0
10	EINT1	EINT1/GPF1
11	EINT2	EINT2/GPF2
12	EINT3	EINT3/GPF3
13	EINT4	EINT4/GPF4
14	EINT5	EINT5/GPF5
15	EINT6	EINT6/GPF6
16	EINT8	EINT8/GPG0
17	EINT9	EINT9/GPG1
18	EINT11	EINT11/GPG3/nSS1
19	EINT13	EINT13/GPG5/SPIMISO1
20	EINT14	EINT14/GPG6/SPIMOSI1
21	EINT15	EINT15/GPG7/SPICLK1
22	EINT17	EINT17/GPG9/nRST1
23	EINT18	EINT18/GPG10/nCTS1
24	EINT19	EINT19/GPG11
25	SPIMISO	SPIMISO/GPE11
26	SPIMOSI	SPIMOSI/EINT14/GPG6
27	SPICLK	SPICLK/GPE13
28	nSS _ SPI	nSS _ SPI/EINT10/GPG2
29	I2CSCL	I2CSCL/GPE14
30	I2CSDA	I2CSDA/GPE15
31	GPB0	TOUT0/ GPB0
32	GPB1	TOUT1/ GPB1
33	CLKOUT0	CLKOUT0/GPH9
34	CLKOUT1	CLKOUT1/GPH10

（7）开发板 BIOS 功能及使用说明

开机进入 BIOS 模式说明如下。

本开发板所附光盘提供了两个 supervivi 文件：supervivi－64M 和 supervivi－128M。其中，supervivi－64M 适用于 64M Nand Flash 版 Mini2440/Micro2440，supervivi－128M 适用于 128M /256M/512M/1GB 版本的 Nand Flash 版 Mini2440/Micro2440。Supervivi 在出厂的时候已经预装入开发板的 Nor Flash 中，设置拨动开关 S2 为 Nor Flash 启动，即可进入 BIOS 模式，此时开发板上的绿色 LED1 会呈现闪烁状态，其启动界面如图 4－11 所示。

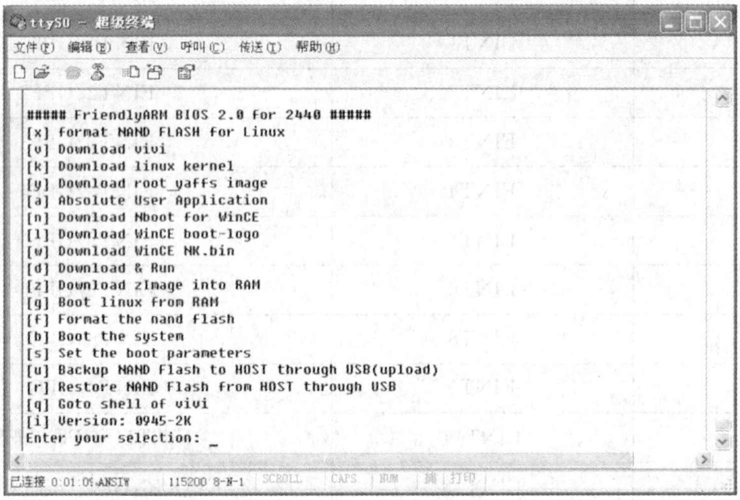

图 4－11　启动界面

Supervivi 简介如下：

开发板采用的 BIOS 是基于三星原来的 bootloader 之 vivi 改进而来，名为 Supervivi，它采用功能菜单的方式，并可以和原来的命令交互模式互相切换。

Supervivi 可以使用 JTAG 板（一般借助 H－JTAG 软件）直接烧写入 Nor Flash 中使用，也可以直接烧写入 Nand Flash 中运行。当烧写入 Nor Flash 并从中运行时，将会出现菜单模式；当烧写入 Nand Flash 并从中运行时，按下开发板上的任意一个按键，也可以出现菜单模式，否则会启动开发板上预装的操作系统（Linux）。

Supervivi 的菜单模式主要为烧写系统和调试而用，也可以设置参数和进行分区等，它采用 USB 下载的方式，因此搭建烧写环境极为简单，并且下载速度快，使用十分方便。如果 Supervivi 被烧写入 Nor Flash（默认），不仅可以用它下载更新 Linux 系统，还可以烧写其他任何支持 Nand Flash 启动的操作系统和非操作系统到 Nand Flash，如 uCos2、U－boot、Nboot、2440test 等，然后再选择系统从 Nand Flash 启动。

如果 Supervivi 被烧写入 Nand Flash，它可以自动识别烧写的 Linux 系统或者其他系统，并快速自动启动它们。在本书的“安装和更新系统”一节，就直接使用它来作为 boot loader。

另外，使用 Download & Run 功能，还可以把程序下载到内存马上运行，这对于开发调试是极有帮助的，这样，甚至不使用仿真器都可以，光盘中的 2440test 程序就是这样一个实例。

使用 supervivi 还可以把 Linux 内核文件 zImage 直接下载到内存中运行，如果在 supervivi 中设定好网络启动参数，则还可以通过网络启动整个系统。同样，suerpvivi 也可以把 WinCE 的运行映像文件 NK. nb0 下载在内存中运行。

从 2013 年 5 月起，为了支持 MiniTools 工具和 SD 卡脱机烧写功能，Mini2440 将使用 Superboot 代替原来的 supervivi，Superboot 不支持老版本的 64M 版 Mini2440。

4.3.4　安装 USB 下载驱动

(1) USB 下载驱动安装

注意：此处安装的 USB 驱动仅在 BIOS 模式下有用，它需要配合 dnw. exe 软件使用，进入 Linux 或者 WinCE 系统都不会使用该驱动。

说明：安装 USB 下载驱动不需要连接开发板，该安装是独立进行的。

① 双击运行光盘中的“Windows 平台工具 \ usb 下载驱动 \ FriendlyARM USB Download Driver Setup _ 20090421. exe”安装程序，开始安装 USB 下载驱动，如图 4 - 12所示。

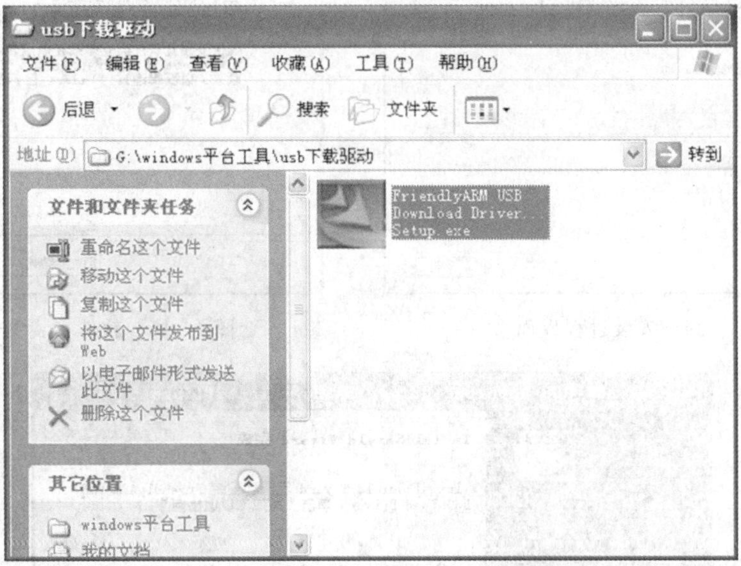

图 4 - 12　USB 下载驱动安装图标

② 双击图标后出现安装界面，如图 4 - 13 所示。

③ 单击“下一步”继续，出现安装进度界面，如图 4 - 14 所示。

④ 此时会弹出警告界面，如图 4 - 15 所示。

⑤ 单击“仍然继续”，USB 下载驱动会很快安装完毕，如图 4 - 16 所示。

⑥ 下面检测 USB 驱动。首先设置开发板的拨动开关 S2 为 Nor Flash 启动，连接好附带的 USB 线和电源（可以不必连接串口线）。

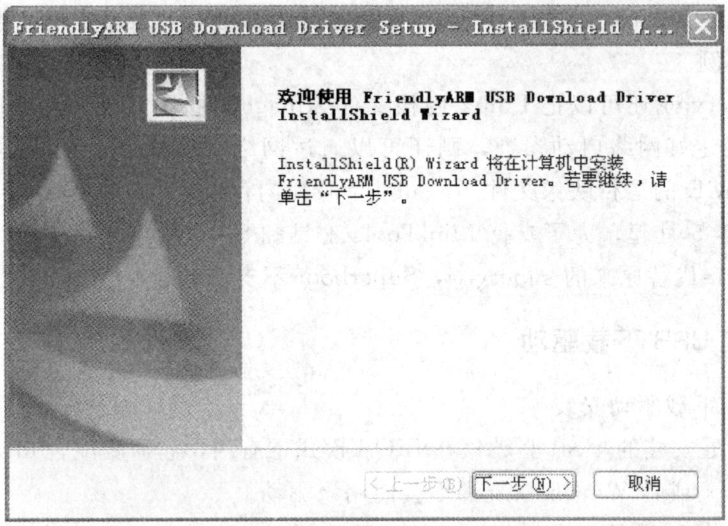

图 4-13　USB 下载驱动安装界面

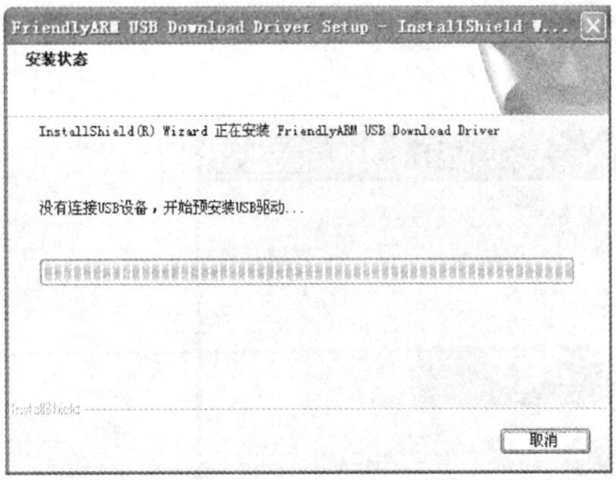

图 4-14　安装过程界面

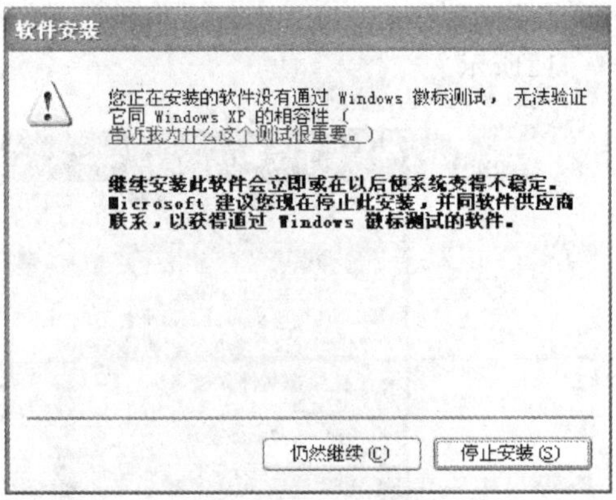

图 4-15　软件安装警告界面

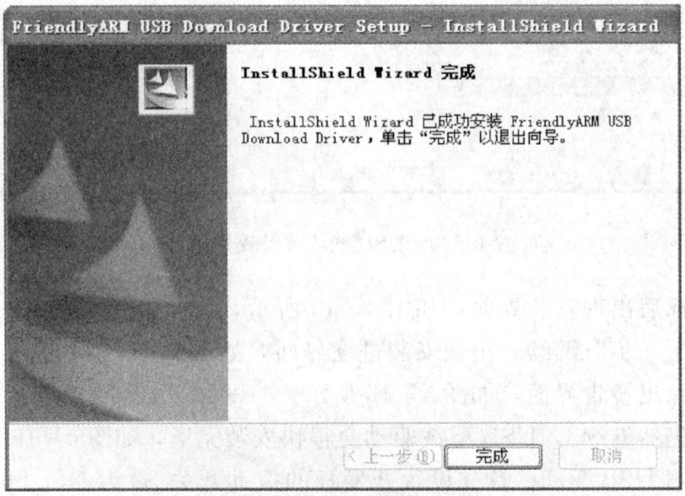

图 4-16　USB 下载驱动安装完成界面

打开电源开关 S1，如果是第一次使用，WindowsXP 系统会提示发现了新的 USB 设备，并出现如图 4－17 所示界面，在此选择“否，暂时不（T)”，单击“下一步”继续。

⑦ 出现如图 4－18 提示后，选择“自动安装软件”，单击“下一步”继续。

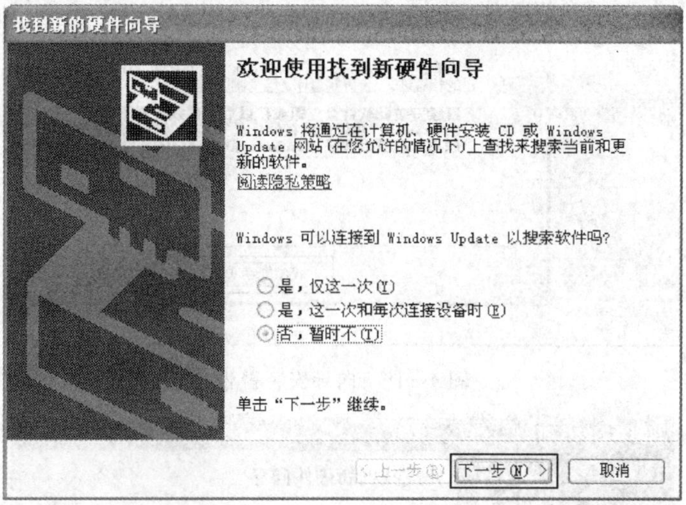

图 4－17　找到新的硬件向导界面

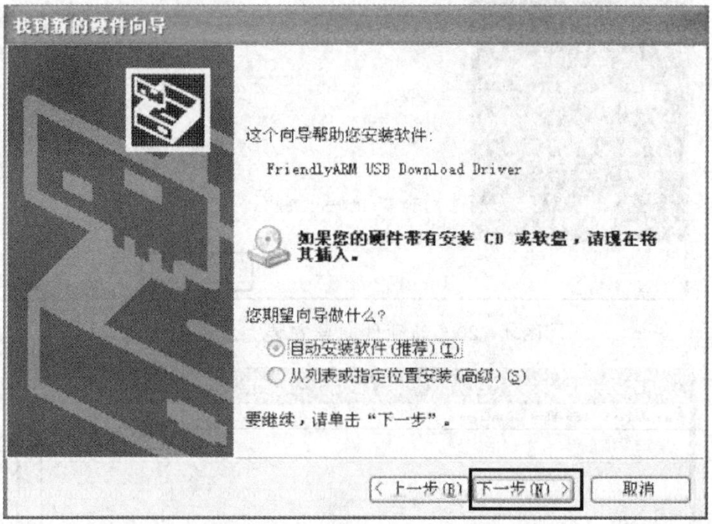

图 4－18　新硬件向导安装方法选择

⑧ 然后出现警告界面，如图 4－19 所示，单击“仍然继续”。

⑨ 至此，第一次使用 USB 下载驱动的步骤就结束了，界面如图 4－20 所示。

⑩ 此时打开光盘中的 dnw. exe 下载软件，可以看到 USB 连接 OK，如图 4－21 所示。

⑪ 在计算机设备管理器中，也可以看到相关的 USB 下载驱动信息，如图 4－22 所示。

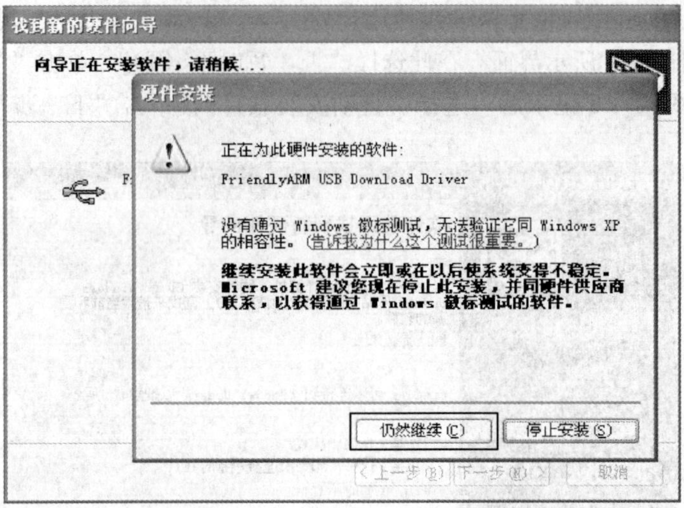

图 4-19　向导安装警告

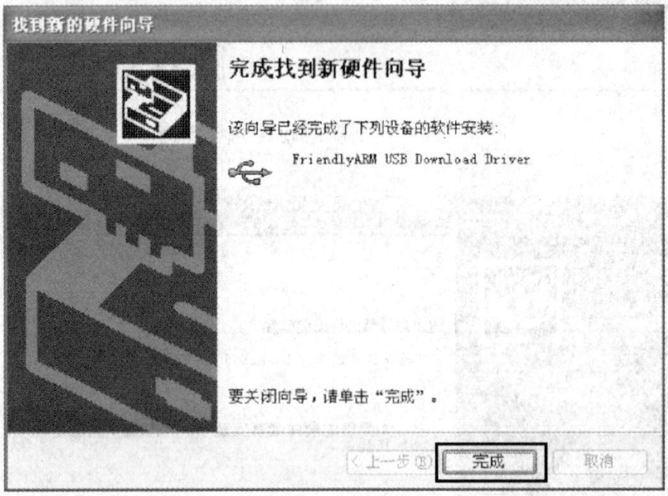

图 4-20　新硬件向导安装完成界面

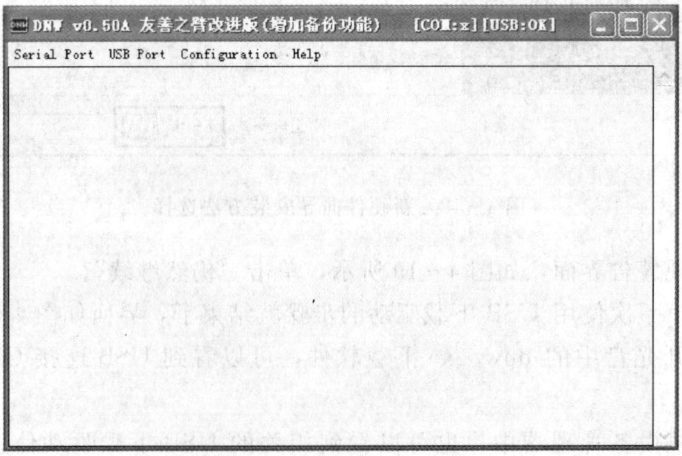

图 4-21　DNW 启动界面

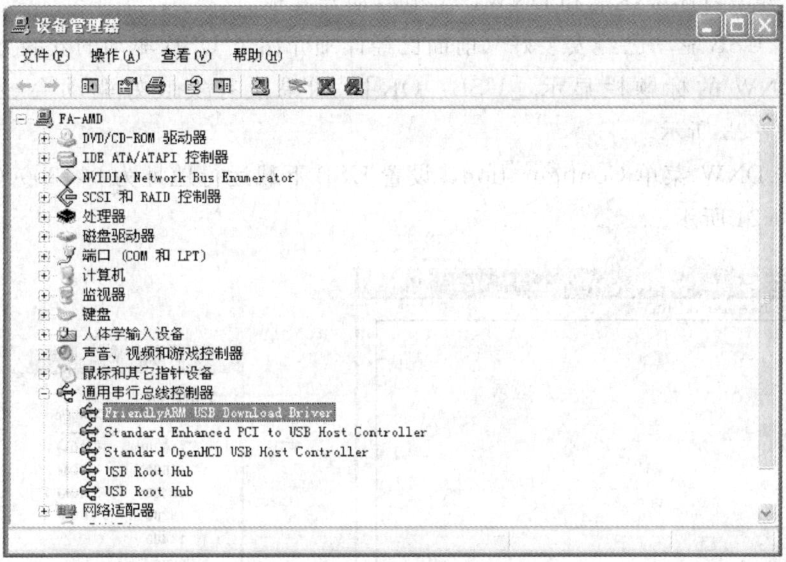

图 4－22　计算机设备管理器

（2）下载运行测试程序

说明：2440test 是一个裸机测试程序，它不是一个操作系统，该程序由三星原厂的同名文件修改而来。根据实际情况，更改了输出菜单和各项测试内容，使其更加简洁明了，为了方便用户测试和使用，还分别编译出了针对不同类型 LCD 显示输出的可执行二进制文件，见表 4－2 所列，用户使用本节的步骤通过 USB 下载到内存中即可运行，区别之处在于默认显示和 LCD 显示输出的类型不同；实际上它们都是使用相同的代码编译出的，只需在头文件中更改一下 LCD 类型（2440test \ inc \ Option. h 中 "LCD_TYPE" 定义）即可。

在光盘 "images \ 2440test \ " 目录中找到 2440test. bin 文件，通过 BIOS 下载运行该测试。

表 4－2　二进制文件及说明表

文件名	说明	备注
2440test_N35. bin	默认显示输出支持 NEC3. 5 " LCD	① 因为它们的代码都是相同的，以下把这几个针对不同显示输出的测试文件统称为 2440test. bin ② 2440test 可以兼容 64M/128M 友善之臂 2440 开发板
2440test_T35. bin	默认显示输出支持统宝 3. 5 " LCD	
2440test_L80. bin	默认显示输出支持 Sharp 8 " LCD（或兼容）	
2440test_A70. bin	默认显示输出支持群创 7 " LCD	
2440test_VGA1024x768. bin	默认显示输出支持 VGA（分辨率：1024×768@70Hz）	

在光盘 "images \ 2440test \ " 目录中找到 2440test. bin 文件，通过 BIOS 下载运行该测试程序，步骤如下。

① 连接好开发板电源、串口线、USB 线，并设置拨动开关 S2 为 Nor Flash 启动系

统，依次打开串口超级终端和 DNW，上电启动开发板。

② 保证 USB 驱动已经安装好（前面已经详细介绍了 USB 驱动的安装方法），这时可以看到 DNW 的标题栏显示［USB：OK］，如果没有安装好驱动会显示［USB：×］，如图 4-23 所示。

③ 单击 DNW 菜单 Configuration，设置 USB 下载运行地址为 0×30000000，设置界面如图 4-24 所示。

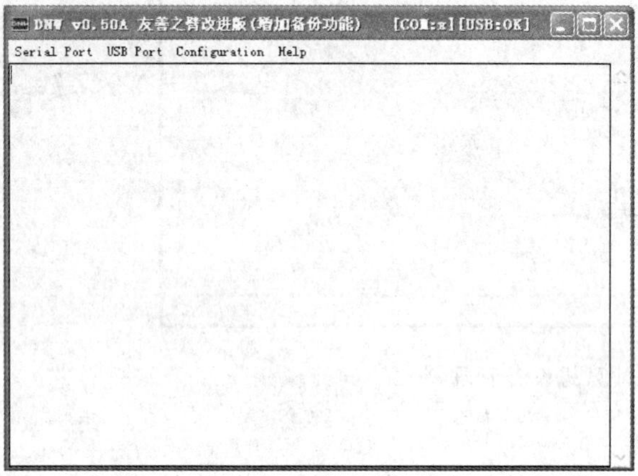

图 4-23　DNW 正常启动界面

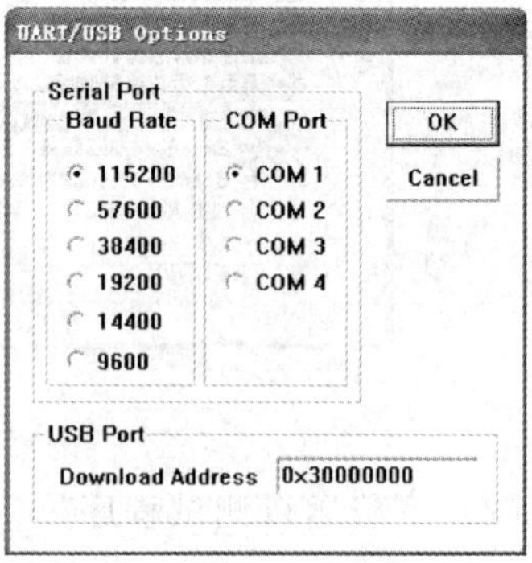

图 4-24　UART/USB 选项设置界面

④ 在超级终端的 BIOS 功能菜单中选择功能号［d］，出现 USB 下载等待提示信息，如图 4-25 所示。

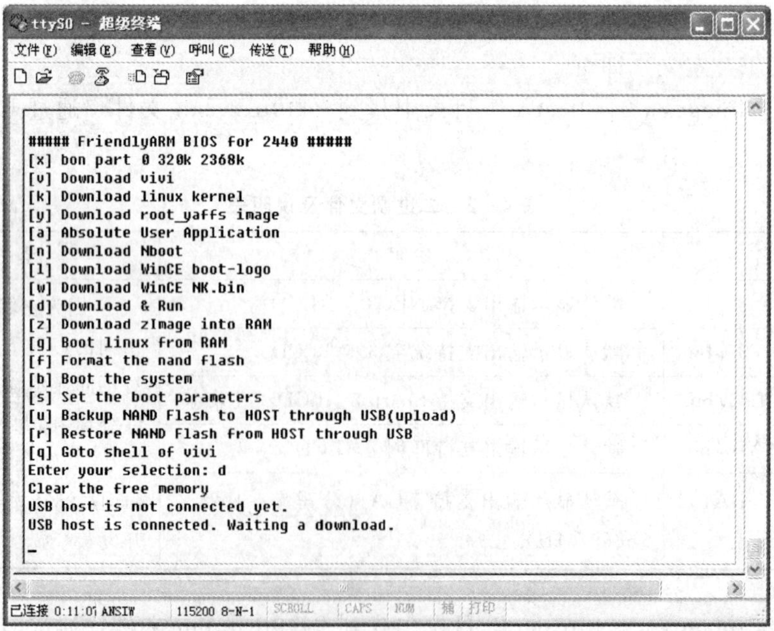

图 4-25　超级终端的 BIOS 功能菜单选择界面

⑤ 点击 DNW 程序的“USB Port”口“Transmit”，选择 2440test. bin 这个映像文件（在光盘的 images \ 2440test \ 目录下面），选择界面如图 4-26 所示，接着单击“打开”按钮，就开始下载了。

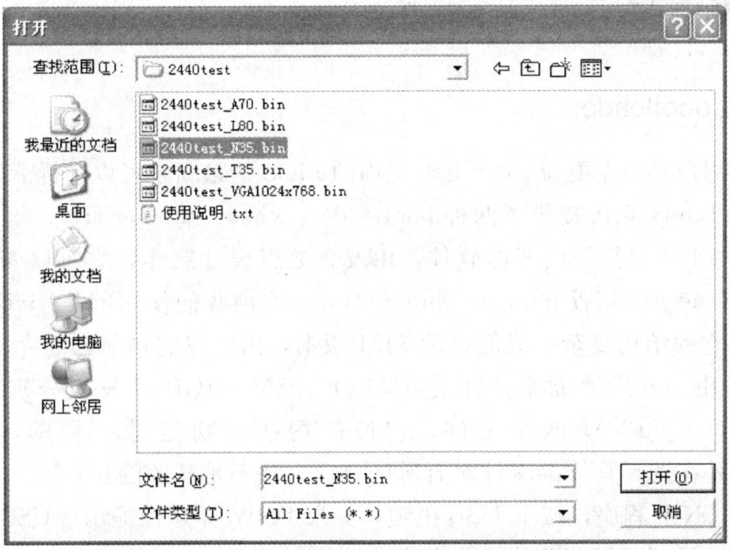

图 4-26　镜像文件选择对话框

⑥ 下载结束后，会自动运行，界面如图 4-27 所示，同时在 LCD 上会出现一副“向日葵”画面，如图 4-28 所示。

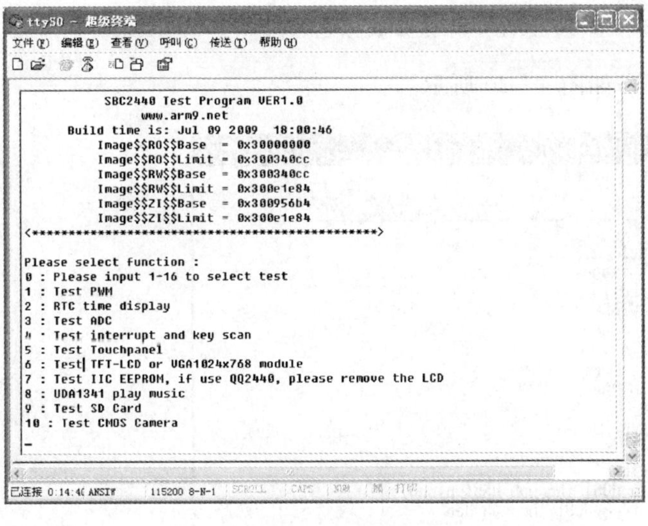

图 4-27　运行显示界面

图 4-28　NEC3. 5 寸屏显示界面

说明：2440test 运行起来之后，supervivi 就失去了对 CPU 的控制权，而 2440test 本身是没有 USB 部分支持的，因此此时会出现 USB 断开的情况。

（3）新版本烧写工具 Minitools 安装

新版本烧写工具 Minitools 在光盘 Windows 平台工具/MiniTools - USB 下载工具目录

下，双击 Mini Tools 安装文件即可。按照安装向导一步一步操作即可，安装过程会自动安装 USB 驱动，在弹出的是否安装驱动提示时，选择“始终安装驱动程序”即可。

4.4 任务实现

4.4.1 烧写 bootloader

注意：老用户必须先更新 Nor Flash 里面的 BIOS 为最新才可以进行下面的步骤。

我们针对 Linux 系统提供了两种 bootloader：vboot 和 supervivi。

vboot 是一个十分简易的开源软件，由友善之臂设计制作，它可以兼容启动 64M/128M - 1Gb Nand Flash 版 mini2440/micro2440；之前我们使用的是 vivi，它是由三星原厂提供的，它的结构复杂，只能启动 64M 版本，因此我们目前已经弃用了。

Supervivi 由 vivi 发展而来，针对 64M 和 128M - 1GB 开发板分别有 supervivi - 64M 和 supervivi - 128M 两个文件，它们的用法和功能是一样的，我们统称为 supervivi，只是在选择具体的文件时有所区分；它并不是开源的。

（1）打开 DNW 程序，接上 USB 电缆，如果 DNW 标题栏提示［USB：OK］，说明 USB 连接成功，这时根据菜单选择功能号［v］开始下载 supervivi，如图 4 - 29 所示。

图 4 - 29　DNW 软件 USB 连接成功

（2）ttysp -超级终端显示界面，如图 4 - 30 所示。

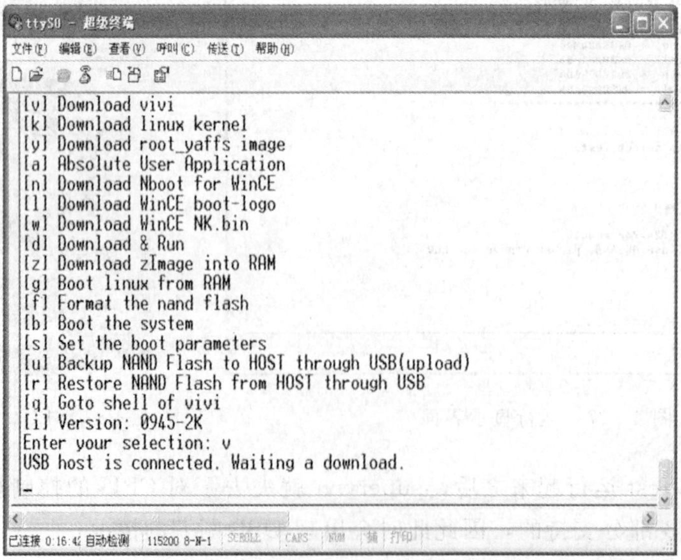

图 4 - 30　ttysp -超级终端下载模式显示界面

（3）点击“USB Port ->Transmit/Restore”选项，并选择打开文件 supervivi（该文件位于光盘的 images/linux/目录）开始下载，如图 4-31 所示。

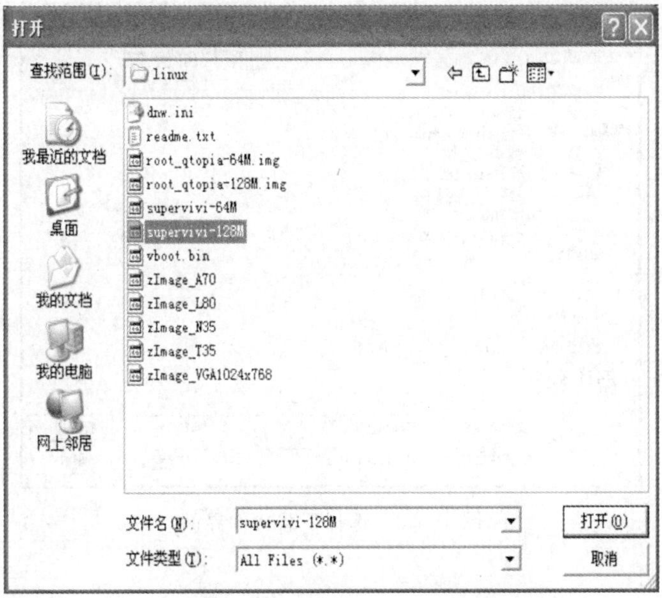

图 4-31　选择下载文件界面

（4）下载完毕，BIOS 会自动烧写 supervivi 到 Nand Flash 分区中，并返回到主菜单。

4.4.2　烧写 Linux 内核

说明：Linux 内核可以自适应 64M/128M-1GB Nand Flash 版 mini2440/micro2440。

（1）在 BIOS 主菜单中选择功能号［k］，开始下载 Linux 内核 zImage，如图 4-32 所示。

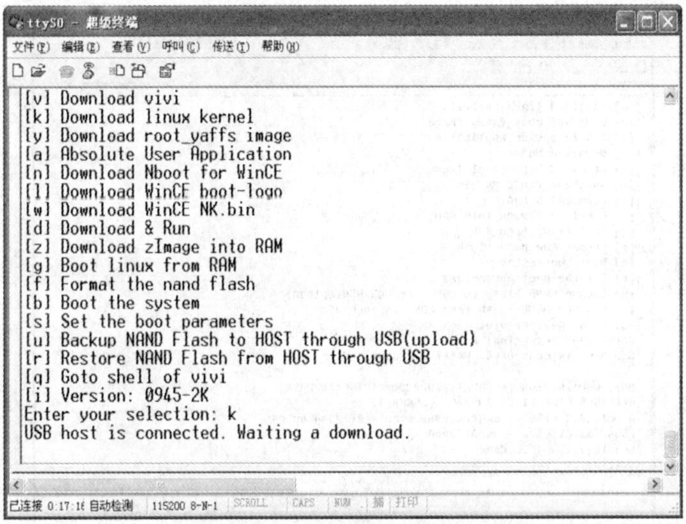

图 4-32　开始下载 Linux 内核 zImage 显示界面

（2）点击“USB Port ->Transmit”选项，并选择打开相应的内核文件 zImage（该文件位于光盘的 images \ linux \ 目录）开始下载，如图 4-33 所示。

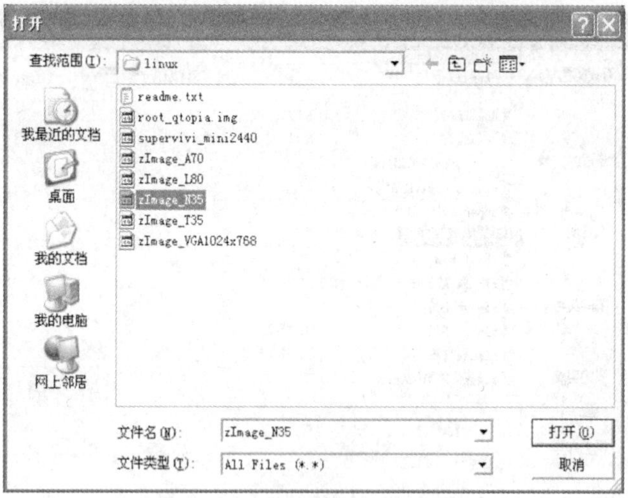

图 4-33　选择下载文件界面

内核文件说明：

zImage _ n35——适用于 NEC3.5 " LCD；

zImage _ t35——适用于统宝 3.5 " LCD；

zImage _ l80——适用于 Sharp 8 " LCD（或兼容）(px)；

zImage _ a70——适用于 7 寸真彩屏，分辨率为 800×480（px）；

zImage _ VGA1024×768（px）——适用于 VGA 模块输出，分辨率为 1024×768（px）；

实际可能与此不完全相同，请参考 images \ linux 目录下的 readme.txt 文件说明。

（3）下载完毕，BIOS 会自动烧写内核到 Nand Flash 分区中，并返回到主菜单，如图 4-34 所示。

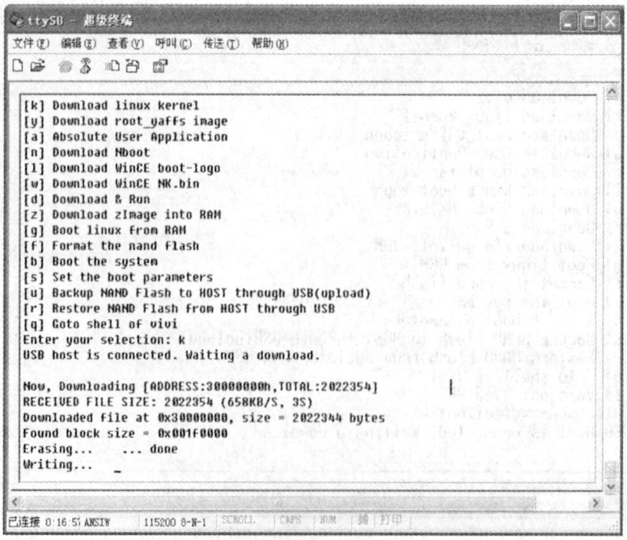

图 4-34　自动烧写显示界面

4.4.3　烧写根文件系统

说明：针对 64M/128M－1GB mini2440/micro2440，有不同的文件系统烧写映象文件：

root _ qtopia－64M. img 和 root _ qtopia－128M. img，实际上它们的内容都是完全相同的，只是制作工具（mkyaffs2image）不同，我们把文件系统统称为 root－qtopia. img。

（1）在 BIOS 主菜单中选择功能号［y］，开始下载 yaffs 根文件系统映象文件，如图 4－35 所示。

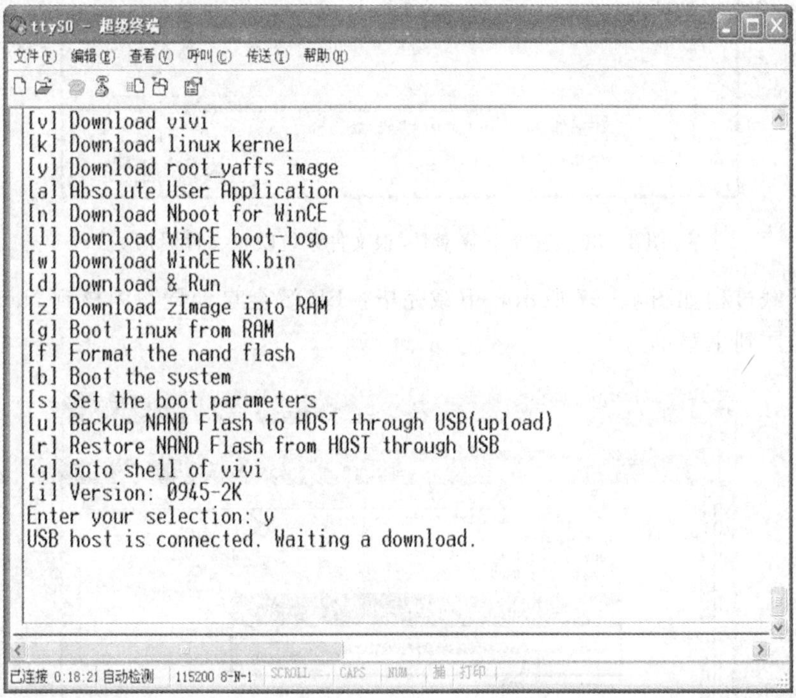

图 4－35　下载 yaffs 根文件系统映象文件界面

（2）点击“USB Port－>Transmit/Restore”选项，并选择打开相应的文件系统映象文件，如图 4－36 所示。

root _ qtopia. img（该文件位于光盘的 images \ linux 目录）开始下载。

根文件系统映象文件说明：

root _ qtopia－64M. img：缺省安装的文件系统映象文件，可以同时支持 USB 鼠标和触摸屏，并自动识别 VGA 模块输出和 NFS 启动，适用于 64M Nand Flash 版 mini2440/micro2440。

root _ qtopia－128M. img：缺省安装的文件系统映象文件，可以同时支持 USB 鼠标和触摸屏，并自动识别 VGA 模块输出和 NFS 启动，适用于 128M－1GB Nand Flash 版 mini2440/micro2440。

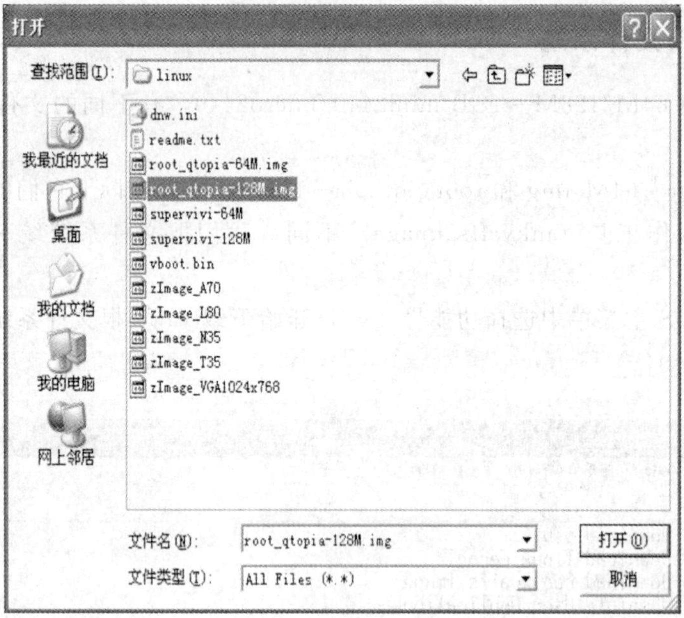

图 4-36　选择下载 yaffs 根文件系统映象文件界面

（3）下载过程如图 4-37 所示，下载完毕，BIOS 会自动烧写内核到 Nand Flash 分区中，并返回到主菜单。

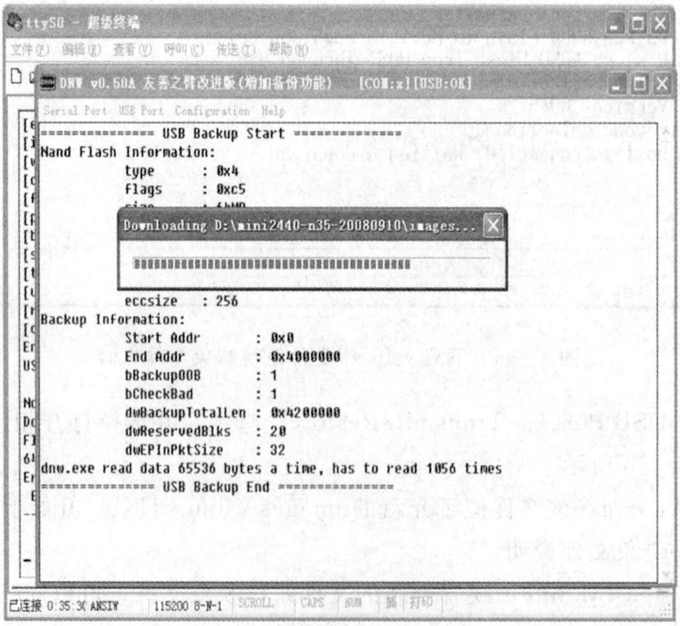

图 4-37　正在下载过程显示界面

提示：此过程大概需要 2～3 分钟，下载的文件越大，下载和烧写的时间就会越长。

注意：下载完毕，请拔下 USB 连接线，如果不取下来，有可能在复位或者启动系统的时候导致电脑死机。在 BIOS 主菜单中选择功能号［b］，将会启动系统。如果把开发板的启动模式设置为 Nand Flash 启动，则系统会在上电后自动启动。

（4）以上为 2013 年 5 月以前的旧版本开发板适用的下载方式，从 2013 年 5 月起，为了支持 Mini Tools 工具和 SD 卡脱机烧写功能，Mini2440 将使用 Superboot 代替原来的 Supervivi，Superboot 不支持老版本的 64M 版 Mini2440，新版本烧写工具 Mini Tools 烧写引导程序、内核、文件体统一步完成，也就是说新版本在出厂前都用 jtag 将 Superboot 烧写到 Nor Flash 中了，而 Superboot 与 Supervivi 在对程序的引导和烧写方式上有所不同。如想改回 DNW 下载方式就必须使用 jtag 将 Supervivi 下载到 Nor Flash 中。接下来我们来说明下新工具 Minitools 和 SD 卡的下载方式。首先检查一下 Nor Flash 是否是预装的 Superboot2440. bin（检查方法很简单：Mini2440 从 Nor 启动，上电，超级终端或者 SecureCRT 显示信息如图 4－38 所示，如果不是，则使用 JLink 将 Superboot2440. bin 下载到 Mini2440 开发板的 Nor Flash 中，接下来跳线开关 S2 打到 Nor 这端，从 Nor Flash 启动，上电后双击运行 Mini Tools 快捷方式。USB 连接好，Mini Tools 工具左边菜单栏为激活状态，点击 Linux 后可以一次性选择引导程序、内核驱动和操作系统，一次性下载所用烧写内容，当然也可选择部分烧写，如图 4－39 所示。

图 4－38　下载界面 1

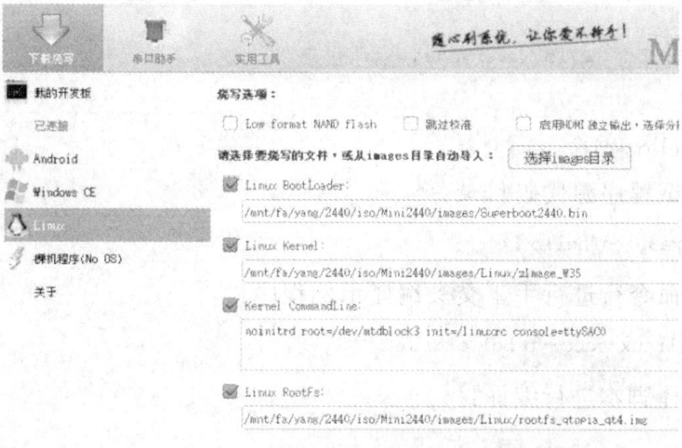

图 4－39　下载界面 2

（5）2013 年 5 月以后的 Mini2440 支持 SD 卡脱机烧写系统，此时就不需要 PC 和 USB 数据线了，但必须 Nor Flash 中已有 Superboot，Mini2440 开发板出厂都烧写了此引导程序。准备一张 SD 卡，格式为 FAT 格式，拷贝光盘中/image 下所有内容，只需修改 FriendlyARM. ini 内容即可。修改内容一个是启动方式，一个是触摸屏型号所对应的内核驱动，如图 4－40 所示。

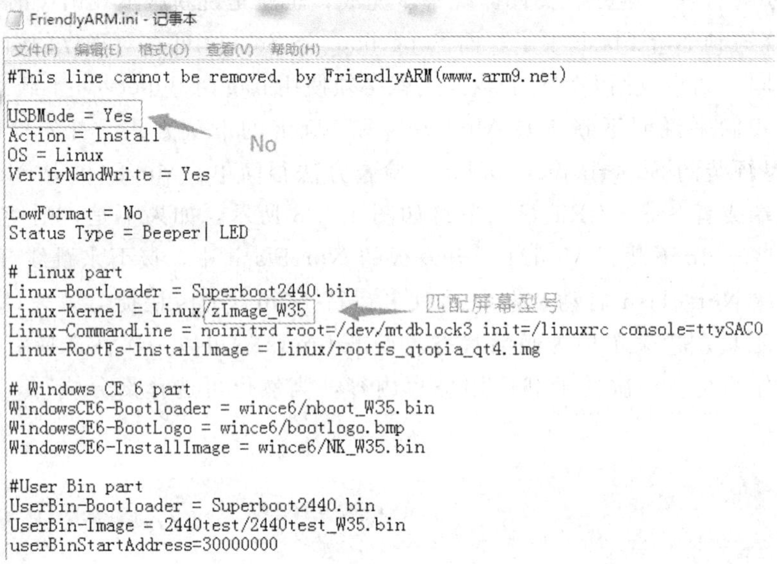

图 4－40　修改 FriendlyARM. ini 界面

4.4.4　编写 Hello 程序

（1）编写 Hello 程序源码

Hello 程序源代码如下：

```
#include <stdio.h>
int main (void)
{
    printf ("hello, everyone! \n");
}
```

（2）编译 Hello 程序

首先进入测试程序源代码目录：

```
#cd /examples/hello
```

然后，使用命令行进行手工交叉编译示例程序：

```
#arm-linux-gcc-o hello main.c
```

或者借助编译脚本进行编译：

```
#make
```

最后将生成 hello 可执行文件，使用 file 命令可以检查生成的 Hello 可执行文件是否为 ARM 体系和格式版本，能在开发板上正常运行的可执行文件一般如图 4 - 41 所示。

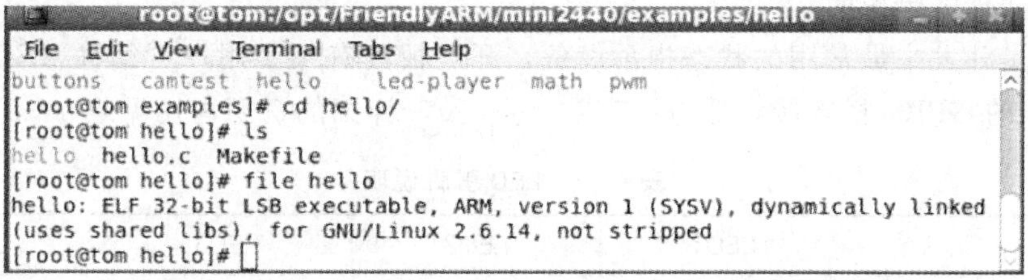

图 4 - 41　编译 Hello 程序界面

(3) 烧写 Hello 程序并运行

将编译好的可执行文件下载到目标板，目前主要有 3 种方式，如下所述。

① 复制到介质（如 U 盘）；

② 通过串口传送文件到开发板；

③ 通过 NFS（网络文件系统）直接运行。

最常用的方法就是采用 NFS 来执行各种程序，这样可以不必花费很多时间下载程序，一旦应用程序变得越来越大，使用 NFS 运行就越方便。如前面述，先按照项目 2 搭建好 NFS 服务器系统，然后在超级终端输入如下命令（假定虚拟机上的 Linux 系统的 IP 地址为 192.168.1.231）。

```
#mount -t nfs -o nolock 192.168.1.231：/home /mnt
```

挂接成功，就可以进入/mnt 目录进行操作了，在虚拟机上的 Linux 终端把 hello 复制到/home 目录，然后在超级终端上执行如下命令。

```
#cd /mnt
#./hello
```

执行 hello 程序后的界面如图 4 - 42 所示。

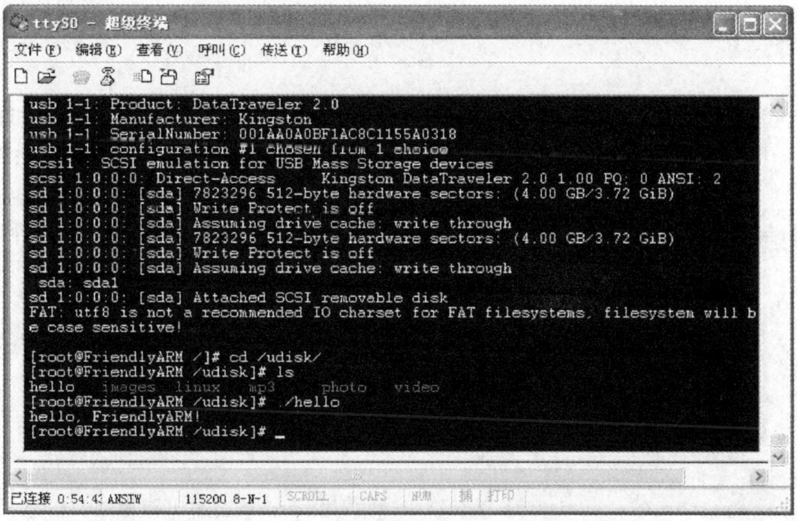

图 4 - 42　超级终端执行烧写 hello 程序界面

4.4.5 编写 LED 程序

（1）LED引脚说明

LED是开发中最常用的状态指示设备，开发板具有4个用户可编程LED，它们直接与CPU的GPIO相连接，低电平有效（点亮），详细的资源占用见表4-3所列。

表4-3 LED引脚说明

	LED1	LED2	LED3	LED4
GPIO	GPB5	GPB6	GPB7	GPB8
可复用为	nXBACK	NXREQ	nXDACK1	nDREQ1
在原理图中的网络名	nLED_1	NLED2	nLED3	nLED_4

（2）编写LED程序源码并编译

LED程序源代码如下。

```
#include<stdio.h>
#include<stdlib.h>
#include<unistd.h>
#include<sys/ioctl.h>
int main (int argc, char * * argv)        //运行时参数传递，开或关选择对应 LED
{
int on;                                   //定义 led 状态变量，1 表示灯亮，2 表示灯灭
int led_no;                               //定义 led 变量--哪个 led
int fd;                                   //定义 led 设备文件描述符的变量
if (argc ! = 3 | | /* 判断命令输入参数个数 */sscanf (argv [1]," %d", &led_
no)! = 1 | | /* 第一个字符串参数表示要操作 led */sscanf (argv [2]," %d", &on)! =
1 | | /*第2个字符串参数作为 LED 状态 */on < 0 | | on > 1 | | /* 开和关，两个状
态 */
led_no < 0 | | led_no > 3 ) /* 4 个 LED */
{
fprintf (stderr," Usage: leds led_no 0|1\n");       //条件不满足输出错误信息
exit (1);                                 //退出程序，返回 1，表示出现错误
}
fd = open (" /dev/leds0", 0);             //只读打开 leds0 文件，取出文件描述符
if (fd < 0)
{
    fd = open ("/dev/leds", 0);           //如果打开 leds0 出错，尝试再次打开
}
if (fd < 0)                               //检测文件描述符，
{
  perror (" open device leds");           //用 perror 宏输出错原因及信息
```

```
exit (1);                    //出错退出
}
ioctl (fd, on, led_no);      //用 ioctl () 函数控制 LED
close (fd);                  //关闭 LED 描述符，与前面 open () 对应
return 0;                    //正常返回
}
```

(3) 烧写 LED 程序并运行

可以按照上面的 Hello 程序的烧写步骤将编译好的 LED 可执行文件下载到开发板，然后通过超级终端运行 LED 可执行文件。

4.5 任务练习

4.5.1 bootloader 烧写

为 Mini2440 开发板烧写 bootloader 引导程序。

4.5.2 内核烧写

根据 Mini2440 开发板实际适用的 LCD 屏幕，烧写其相对应的内核映象文件。

4.5.3 操作系统烧写

为 Mini2440 开发板烧写 qtopia 操作系统。

4.5.4 按键测试

编写一个按键测试程序，要求：对开发板上的 K1—K6 按键进行测试，超级终端上显示按键信息。

4.5.5 蜂鸣器测试

编写一个蜂鸣器测试程序，要求：对开发板上的蜂鸣器进行测试，按“－”或“＋”增加或减少蜂鸣器发生的频率，同时听到蜂鸣器发出不同声音。

4.5.6 A/D 测试

编写一个 A/D 输入测试程序，要求：对开发板上电位器测试，通过旋转电位器得到不同的电位值，超级终端显示电位值。

项目5 移植 madplay

5.1 项目描述

本项目的主要内容是：安装配置 arm - linux - gcc 交叉编译器，使用交叉编译器编译 madplay，烧写下载 madplay 并使用 madplay 播放 mp3 格式音乐。

5.2 教学目标

通过学习与实践，掌握交叉编译器的安装及配置，了解交叉编译器的配置参数，学会编译 madplay 源码，掌握与之有依赖关系的 libid3tag、libmad、zlib 等库文件的版本信息和获取方法。

5.3 必备知识

5.3.1 交叉编译器简介

在一种计算机环境中运行的编译程序，能编译出在另外一种环境下运行的代码，这个编译过程就叫交叉编译，简单地说，就是在一个平台上生成另一个平台上的可执行代码。

5.3.2 交叉编译器安装及环境配置

在 Linux 平台下，要为开发板编译 bootloader、内核、图形界面 Qtopia，还有其他一些应用程序，均需要交叉编译工具链。之前的系统，要使用不同的编译器版本才能正常编译各个部分，因此要在开发过程不断切换设置，这十分不利于初学者使用，也降低了开发的效率。从 Linux - 2.6.29 开始（本开发板所配内核已为最新的 Linux - 2.6.32.2)，把交叉编译器统一为 arm - linux - gcc - 4.3.2，下面是它的安装设置步骤。

（1）将获得的 arm - linux - gcc - 4.3.2.tgz 复制到某个目录下，如 tmp \ ，然后进入到该目录，执行解压命令。

```
#cd \ tmp
#tar xvzf arm - linux - gcc - 4.3.2.tgz - C /
```

注意：C 后面有个空格，并且 C 是大写的，它是英文单词“Change”的第一个字母。

C 在此是改变目录的意思。

执行该命令，将把 arm - linux - gcc 安装到/usr/loca/arm/4.3.2 目录。解压过程如图 5 - 1 所示。

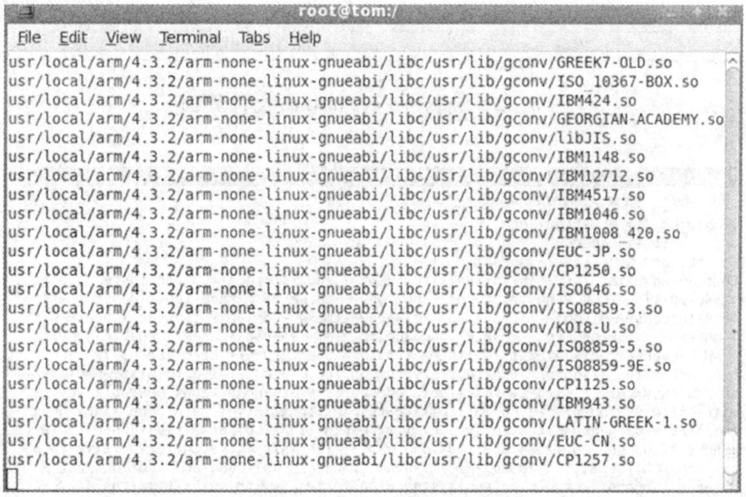

图 5 - 1　解压缩过程界面

（2）把编译器路径加入系统环境变量，运行命令。

```
#gedit /root/.bashrc
```

编辑/root/.bashrc 文件，在最后一行输入：

```
export PATH = $PATH: /usr/local/arm/4.3.2/bin,
```

如图 5 - 2 所示，保存退出。

重新登录系统（不必重启机器，开始→logout 即可），使以上设置生效，在命令行输入：

```
#arm - linux - gcc - v,
```

在终端输入的命令“#arm - linux - gcc - v”是用来检查交叉编译器是否加入路径。如果如图 5 - 3 所示，说明交叉编译环境安装完成。否则输入命令“#arm - linux -

gcc - v”终端会给出错误报告。

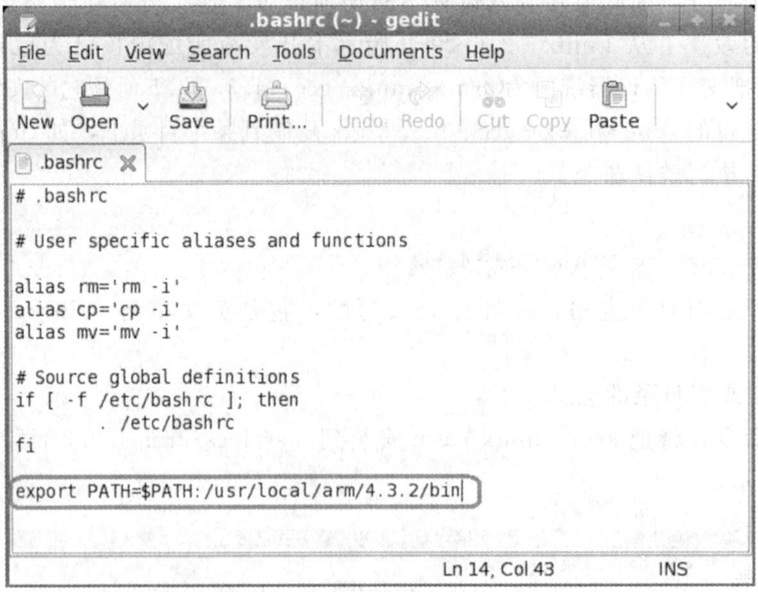

图 5 - 2　编辑/root/. bashrc 文件界面

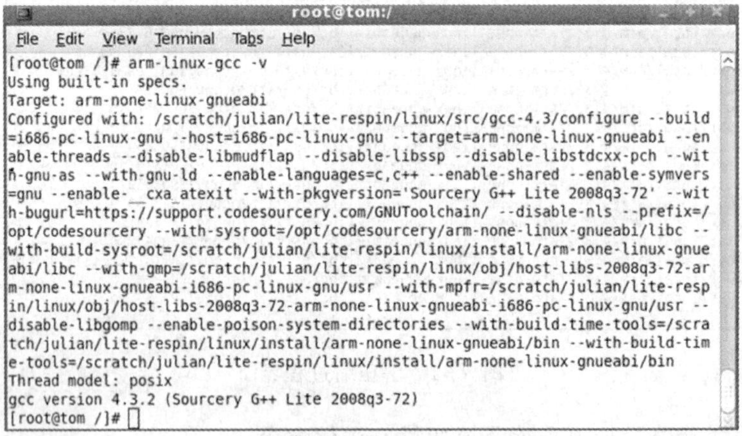

图 5 - 3　交叉编译环境版本显示界面

5.4　任务实现

5.4.1　源代码包下载

准备源代码包 madplay - 0. 15. 2b. tar. gz、libid3tag - 0. 15. 1b. tar. gz、libmad - 0. 15. 1b. tar. gz 和 zlib - 1. 2. 3. tar. gz。

四个源代码包中 madplay - 0. 15. 2b. tar. gz、libid3tag - 0. 15. 1b. tar. gz、libmad - 0. 15. 1b. tar. gz，可以到 http：//sourceforge. net/project/showfiles. php? group _ id＝

12349 下载。

要编译成功 madplay 源代码还需要 zlib 库。zlib 库可以到 http：//www. gzip. org/zlib/下载。目前最新版本是 zlib－1. 2. 3，下载软件包 zlib－1. 2. 3. tar. gz。

madplay 要用交叉编译才能在 2440 开发板上使用，所以接下来的编译过程所使用的编译器为 arm－linux－gcc。如要编译 X86 版本的 madplay 则需要使用 Linux 下的 gcc 编译。

5. 4. 2　解压安装 zlib

解压安装 zlib－1. 2. 3. tar. gz（arm 版本），创建安装文件夹/arm－madplay/install。

```
# mkdir arm－madplay
# tar xzvf zlib－1. 2. 3. tar. gz
# cd zlib－1. 2. 3
```

指明安装路径（arm 版本）。

```
#. /configure － prefix＝/home/liumneg/arm－madplay/install/
```

配置命令如图 5－4 所示。

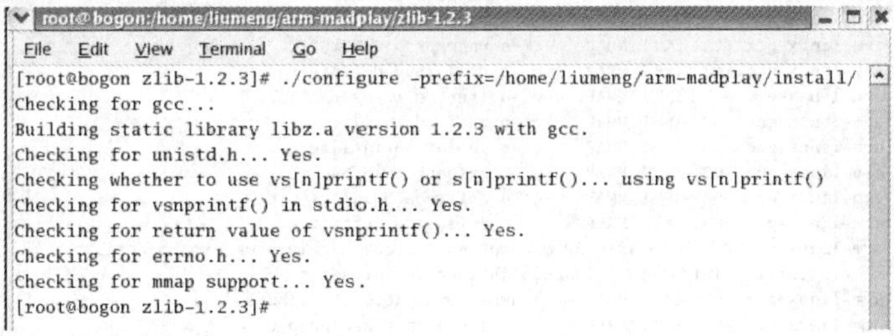

图 5－4　设置 zlib 文件安装路径

在交叉编译时需修改 Makefile 文件：

CC＝gcc 修改为 CC＝arm－linux－gcc；

AR＝ar rc 修改为 AR＝arm－linux－ar rc；

RANLIB＝ranlib 修改为 RANLIB＝arm－linux－ranlib；

修改 Makcfilc 文件如图 5－5，图 5－6 所示。

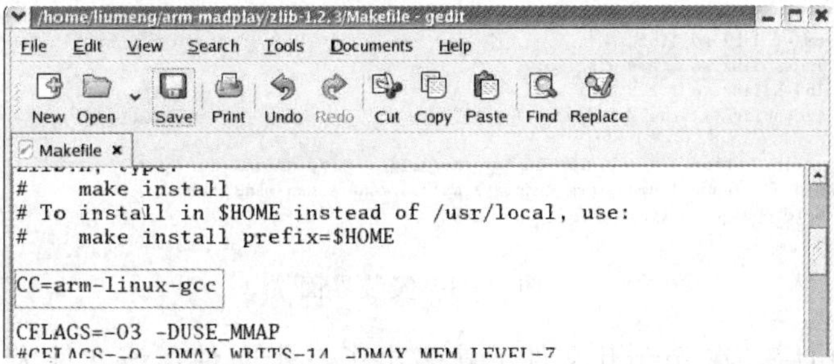

图 5－5　修改编译工具 CC

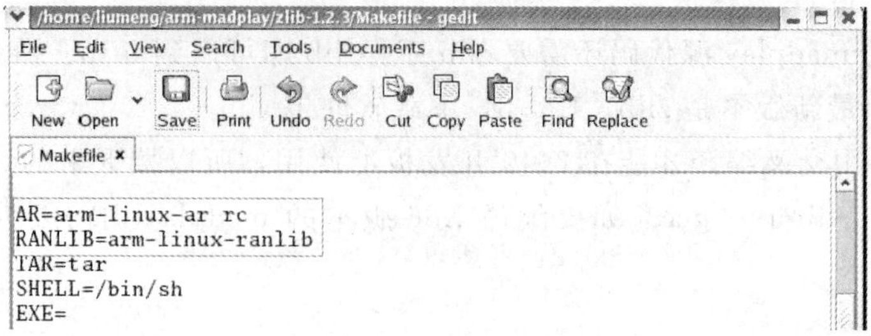

图 5-6 修改编译工具 AR 和 RANLIB

然后编译并安装：

```
# make
# make install
```

执行编译和安装如图 5-7、图 5-8 所示。

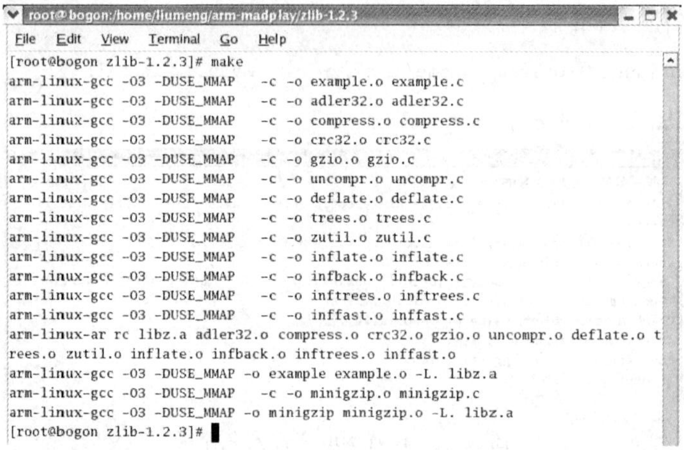

图 5-7 编译界面

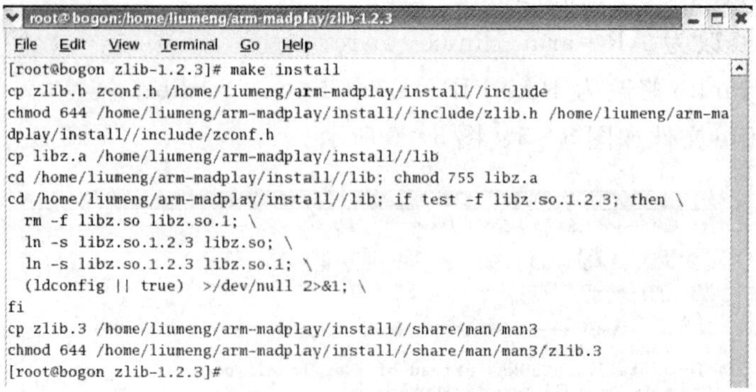

图 5-8 安装界面

安装 zlib 成功后，在 install 文件下就多出了三个文件，该文件为 madplay 编译时所需依赖的头文件和库文件，如图 5-9 所示。

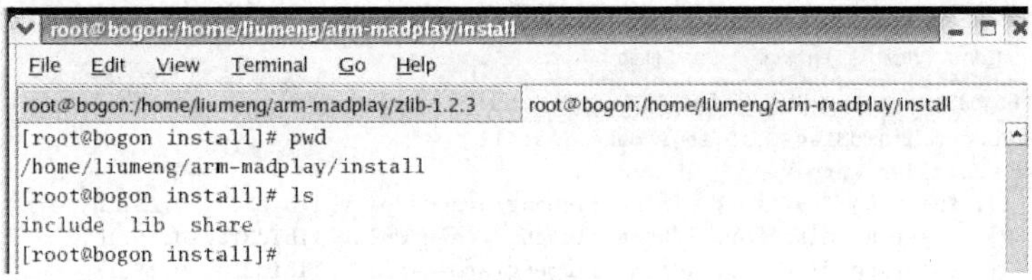

图 5－9　install 下库文件

5.4.3　解压安装 libid3tag

编译安装（arm 版本）libid3tag－0.15.1b，解压 libid3tag－0.15.1b.tar.gz，在当前目录下生成的 libid3tag－0.15.1b 目录就是安装目录。使用 configure 命令配置库编译选项，用交叉编译器编译 libid3 和配置其安装路径等。在 Linux 终端机上使用如下命令使用：

```
#./configure CC=arm-linux-gcc --host=arm-linux --prefix=/home/liumeng/
arm-madplay/install --enable-static --disable-shared
```

编译并安装库，将编译好的库安装到指定目录下。

```
# make
# make install
```

设置配置、编译和安装如图 5－10 至图 5－12 所示。

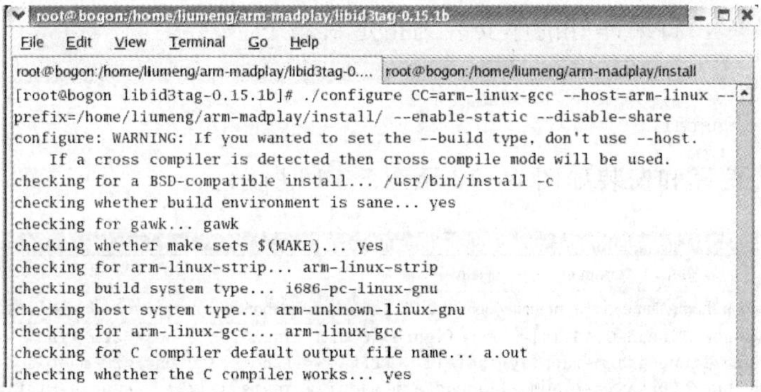

图 5－10　配置 libid3tag 文件的编译工具和安装路径

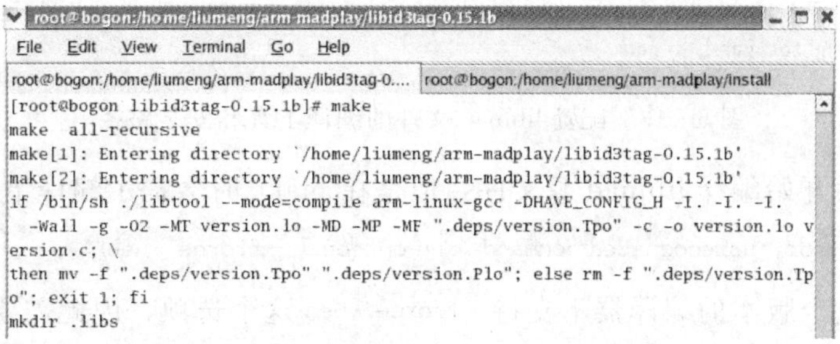

图 5－11　交叉编译 libid3tag 源文件

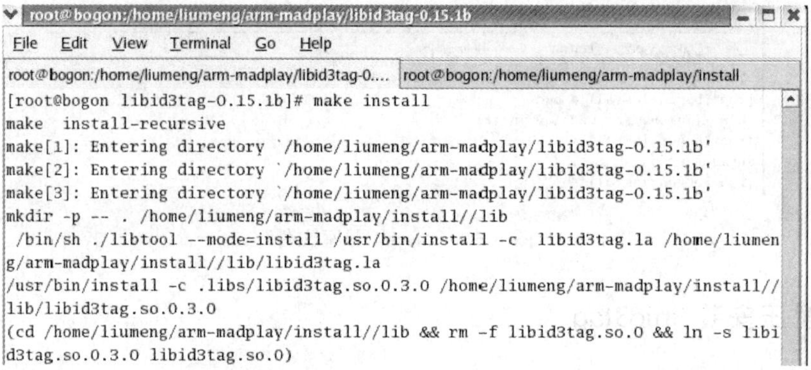

图 5-12　安装 libid3tag 到指定路径

5.4.4 解压安装 libmad

编译安装（arm 版本）libmad-0.15.1b，解压 libmad-0.15.1b.tar.gz。使用 configure 命令配置库编译选项，用交叉编译器编译 libmad 和配置其安装路径等。在 Linux 终端机上使用如下命令使用：

```
#./configure CC=arm-linux-gcc --host=arm-linux --prefix=/home/liumeng/
arm-madplay/install/ CPPFLAGS=-I/home/liumeng//arm-madplay/install/
Include LDFLAGS=-L/home/liumeng/install/arm-madplay/lib--enable-stat
ic--disable-shared -disable-debugging
```

编译并安装库，将编译好的库安装到指定目录下。

```
# make
# make install
```

设置配置、编译和安装如图 5-13 至图 5-16 所示。

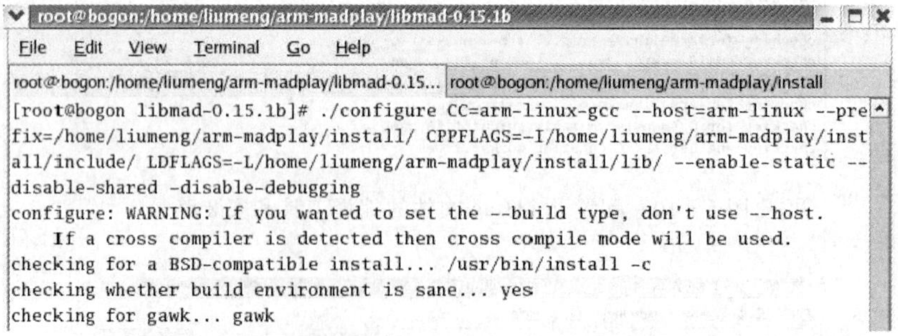

图 5-13　配置 libmad 文件的编译工具和安装路径

配置成功后开始编译 libmad 源文件，但是在 make 时会提示编译错误：

```
ccl: error: unrecognized command line option "-fforce-men"
```

这是因为这个版本的编译器不支持 `-fforce-men` 这个选项，因此需要在 Makefile 中找到这行，删除 `-fforce-men`。

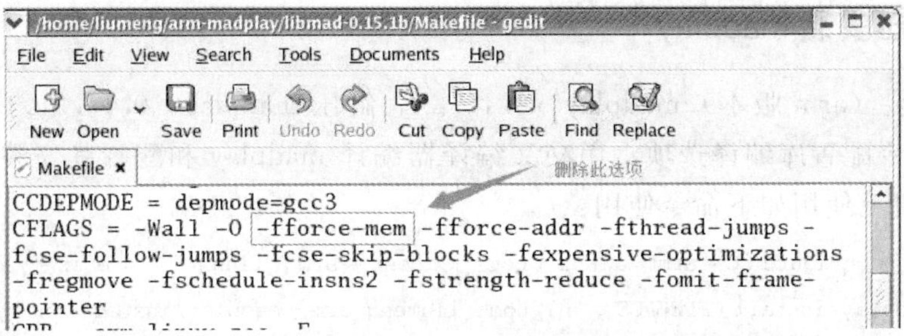

图 5-14　删除选项界面

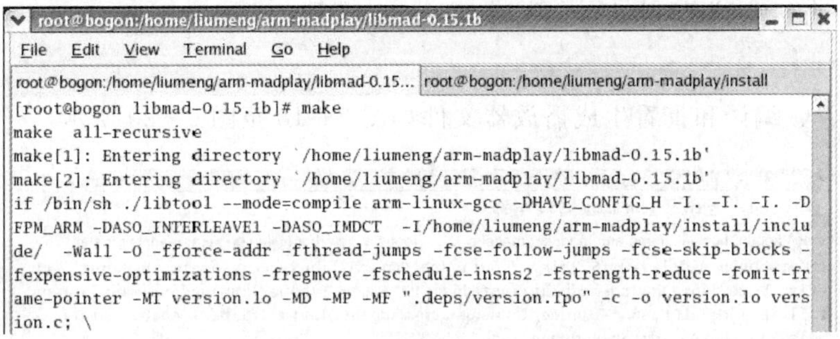

图 5-15　交叉编译 libmad 源文件

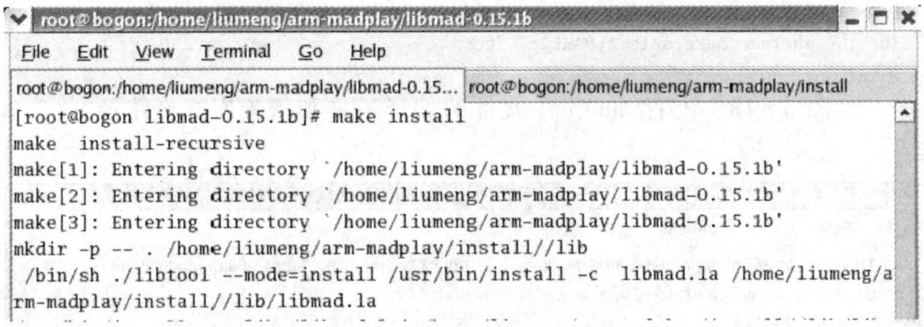

图 5-16　安装 libmad 到指定路径

安装好所有依赖文件后，使用 ls 命令可以查看到 install 安装文件中生成的库文件，如图 5-17 所示。

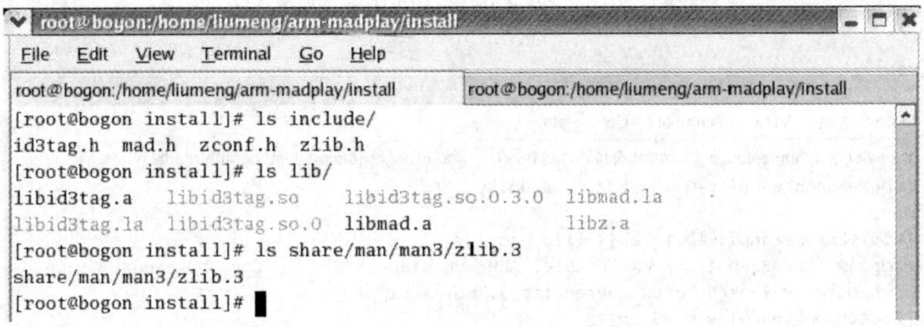

图 5-17　install 下生成的 madplay 依赖文件

5.4.5 解压安装 madplay

编译安装（arm 版本）madplay-0.15.2b，解压 madplay-0.15.2b.tar.gz。使用 configure 命令配置库编译选项，用交叉编译器编译 madplay 和配置其安装路径等。在 Linux 终端机上使用如下命令使用：

```
#./configure CC=arm-linux-gcc --host=arm-linux --prefix=/home/liumeng/arm-madplay/install CPPFLAGS=-I/home/liumeng/arm-madplay/install/include LDFLAGS=-L/home/liumeng/arm-madplay/install/lib --enable-static --disable
-shared -disable-debugging
```

编译 madplay，当前目录下会生成 madplay 文件。

```
#make
```

设置配置、编译和查看生成播放器文件如图 5-18 至图 5-20 所示。

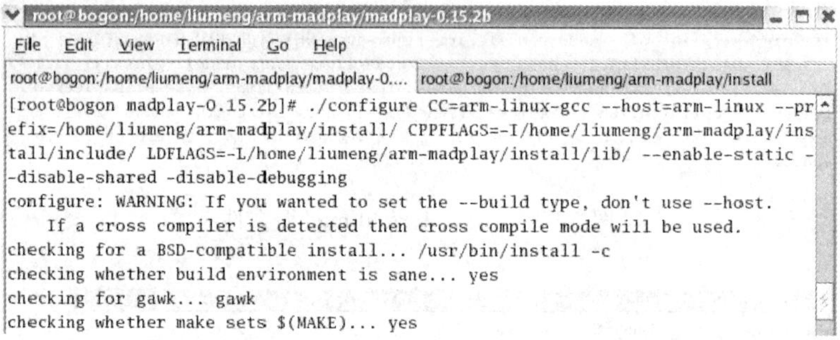

图 5-18 配置 madplay 文件的编译工具和依赖库文件路径

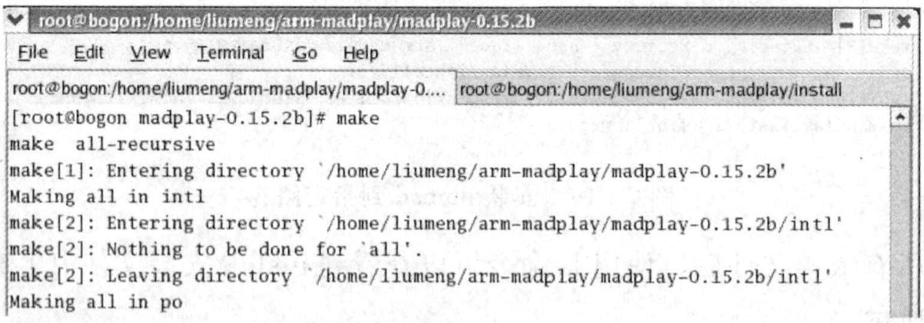

图 5-19 交叉编译 madplay 源文件

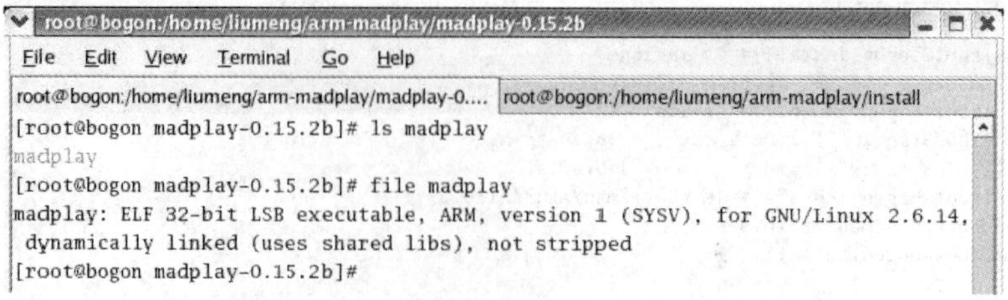

图 5-20 查看 madplay 可执行文件

编译后生成 madplay 可执行文件，使用 file 命令可以检查所生成的 madplay 可执行文件是否为能在开发板上正常运行 ARM 版本的可执行文件。

5.4.6　烧写可执行文件

使用下列方法将编译好的可执行文件下载到目标板上。

① 复制到介质（如 U 盘）；

② 通过串口传送文件到开发板；

③ 通过 NFS（网络文件系统）直接运行（推荐使用）。

Linux 中最常用的方法就是采用 NFS 来执行各种程序，这样可以不必花费很多时间下载程序，虽然在此下载一般的程序用不了多长时间，但当应用程序变得越来越大时，就会发现使用 NFS 运行的方便所在。

如前所讲述，请先按照项目 2 搭建好超级终端和 NFS，然后在超级终端输入如下命令（假定虚拟机上的 Linux 系统的 IP 地址为 192.168.1.231）。

```
#mount -t nfs -o nolock 192.168.1.231:/home /mnt
```

挂接成功，就可以进入/mnt 目录进行操作了，在虚拟机上的 Linux 终端把 madplay 复制到/home 目录，然后在超级终端上执行如下命令。

```
#cd /mnt
#./madplay apple.mp3
```

5.5　任务练习

5.5.1　mp3 歌曲播放

编写一个脚本程序，使用 madplay 播放 apple.mp3 歌曲。

5.5.2　mp3 歌曲循环播放

编写一个脚本程序，使用 for 循环调，用 madplay 播放 5 次 apple.mp3 歌曲。

5.5.3　不同 mp3 歌曲循环播放

编写一个脚本程序，使用 for 循环列表形式播放列表中所有歌曲，歌曲名为 apple1.mp3、apple2.mp3、apple3.mp3 等。

5.5.4　mp3 歌曲循环播放并记录 CPU 使用情况

编写两个脚本程序，一个脚本使用 for 循环列表形式播放列表中所有歌曲，歌曲名为 apple1.mp3、apple2.mp3、apple3.mp3 等。另一个脚本记录当前 CPU 使用情况，并将 CPU 使用情况的内容定向到 madplay.log 文件中。

5.5.5 脚本间调用并循环播放和记录歌曲使用情况

编写两个脚本程序，一个脚本使用 for 循环列表形式播放列表中所有歌曲，歌曲名为 apple1. mp3、apple2. mp3、apple3. mp3 等。另一个脚本使用 top 命令查看 CPU 使用情况，脚本检查进程中是否有 madplay 进程运行，记录 madplay 所使用 CPU 情况，并记录到 madplay. log 文件中，如 madplay 停止运行，该脚本启动第一个脚本，同时记录启动时间及 CPU 使用情况到 madplay. log 文件中。

项目6 运动模块设计

6.1 项目描述

本项目的主要内容是：运用2440开发板的GPIO接口编程，使之产生控制电机旋转方向和转速的各种基本控制信号，然后在此基础上编制出能够控制智能小车实现前进、后退、左转弯、右转弯等基本巡航动作的控制函数。

控制电机旋转是小车实现各种巡航控制的重要基础，在后续的几个功能模块中都要用到对直流电机的控制，因此本功能模块所设计出的电机控制函数将供后续几个功能模块直接调用。

6.2 教学目标

通过学习与实践，掌握如下知识和技能。了解2440开发板的扩展GPIO接口，通过驱动程序的编写、编译和加载，掌握GPIO作为输出时的基本使用方法；了解直流电机的基本工作原理和控制方法；能够独立编写控制小车的基本动作控制函数；掌握程序的烧写过程；掌握智能小车电机控制调试的基本思路、方法和步骤。

6.3 必备知识

6.3.1 直流电机

将直流电能转换成机械能的电机，称为直流电机，如图6－1所示。它是能实现直流电能和机械能互相转换的电机，当它作电动机运行时是直流电动机，将电能转换为机械能。

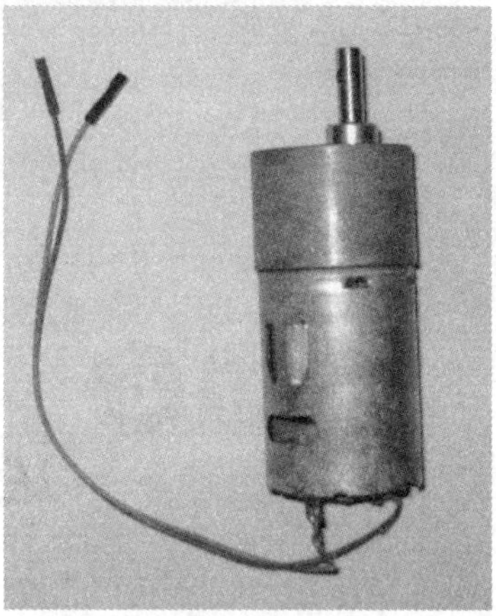

图 6-1　电机实物图

因为直流电机是由于电流通过线圈切割永磁时切割了磁力线产生旋转，所以用控制电流流向来确定电机旋转的方向。因此车轮旋转真值见表 6-1 所列。

表 6-1　电机运转控制真值表

INPUT 1	INPUT 2	电机工作情况
H	L	正转
L	H	反转
H	H	停止
L	L	停止

6.3.2　L298 驱动模块

L298 芯片，可以直接驱动两路 3-35V 直流电机，并提供了 5V 输出接口（输入最低只要 6V），可以给 5V 单片机电路系统供电（低纹波系数），支持 3.3V MCU ARM 控制，可以方便地控制直流电机速度和方向，也可以控制 2 相步进电机以及 5 线 4 相步进电机。它是智能小车驱动必备利器。L298 驱动模块如图 6-2 所示。

6.3.3　脉冲宽度调制 PWM

脉冲宽度调制简称脉宽调制，有其正式的定义和广泛的使用领域，本文是通过脉宽调制来控制直流电机的旋转速度，所以简单地说明其在控制直流电机上的浅显解释。PWM 是一种对模拟信号电平进行数字编码的方法。通过高分辨率计数器的使用，方波的占空比被调制用来对一个具体模拟信号的电平进行编码。PWM 信号仍然是数字的，因为在给定的任何时刻，满幅值的直流供电要么完全有（ON），要么完全无（OFF）。电压或电流源是以一种通（ON）或断（OFF）的重复脉冲序列被加到模拟负载上去

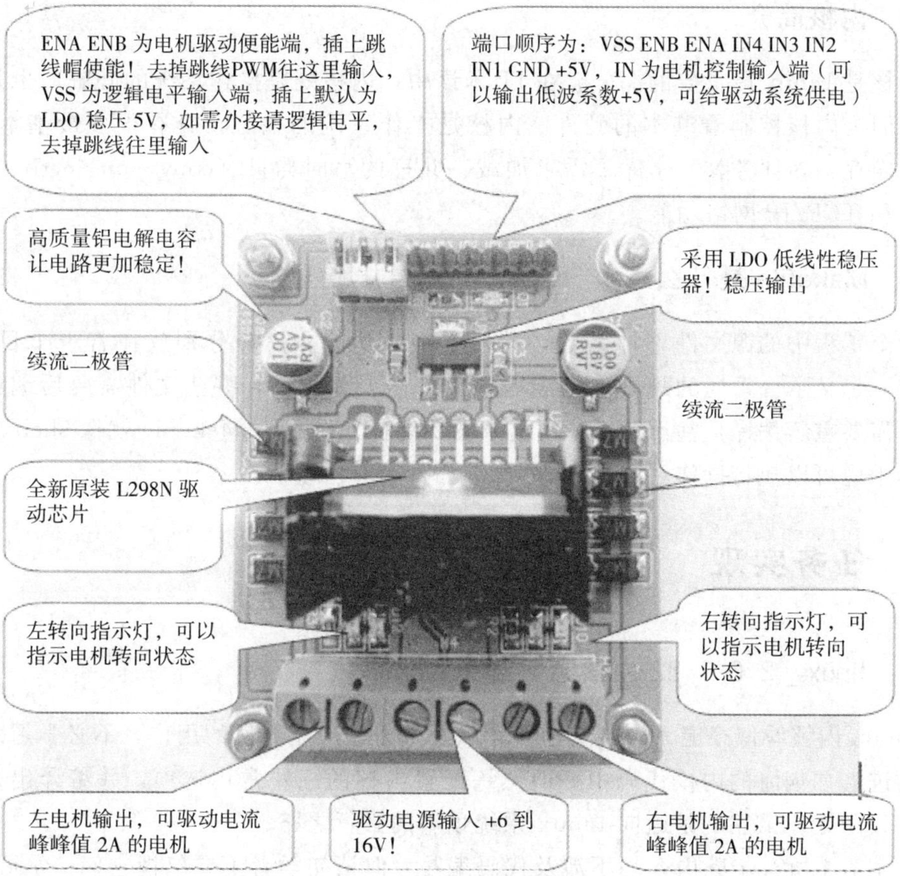

图 6－2　L298 驱动模块

的。通的时候即是直流供电被加到负载上的时候，断的时候即是供电被断开的时候。只要带宽足够，任何模拟值都可以使用 PWM 进行编码。

用 PWM 作为车轮控制的使能，首先设定 PWM（脉宽频率），车轮的速度会根据脉宽占空比不同体现出不同的运动速度，如果两个轮子的 PWM 相同，那么两个轮子就拥有了相同的运动速度。配合电机控制逻辑电平实现车轮运动逻辑真值表。车轮转动情况见表 6－2 所列。

表 6－2　PWM 为使能的车轮运转控制逻辑电平表

EnableA（B）	INPUT 1	INPUT 2	电机工作情况
H	H	L	正转
H	L	H	反转
H	H	H	停止
H	L	L	停止
L	×	×	停止

6.3.4 内核简介

内核是 Linux 最重要的部分。在 IT 术语中，内核既是操作系统的心脏，也是它的大脑，因为内核控制着基本的硬件。内核是操作系统的核心，具有很多最基本功能，如虚拟内存、多任务、共享库、需求加载、共享的写时拷贝（copy - on - write）可执行程序和 TCP/IP 网络功能。

6.3.5 Makefile 是什么

一个工程中的源文件不计其数，其按类型、功能、模块分别放在若干个目录中，Makefile 定义了一系列的规则来指定哪些文件需要先编译，哪些文件需要后编译，哪些文件需要重新编译，甚至于进行更复杂的功能操作，因为 Makefile 就像 shell 脚本一样，其中也可以执行操作系统的命令。

6.4 任务实现

6.4.1 linux _ 2.6.3.32 内核源码

Linux 内核看似很庞大，其实初学者以及致力于应用开发的用户，不必学习之初就一头钻进浩如烟海的内核代码中；但熟练配置内核的一些常用选项，并编译出来下载到开发板中运行试用，是迈向 Linux 系统顶峰的必行之路。

本小节中所有步骤内容均不涉及代码编写，但请初学者不要忽视它们；学习 Linux 不像单片机系统，不必从“零”代码开始，一切先从学会配置、编译、下载运行开始。

下面是它的安装设置步骤。

(1) 利用上文提到过的几种文件共享方式将 linux _ 2.6.32.2 - mini2440 - 20100112.tgz 文件共享。进入 home/下，将 linux _ 2.6.32.2 - mini2440 - 20100112.tgz 解压到根文件下“/”。执行解压命令，如图 6-3 所示。

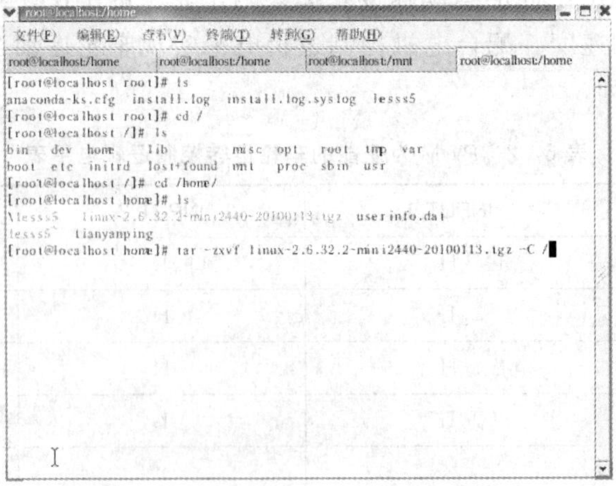

图 6-3 将 linux _ 2.6.3.32.tgz 复制到某个目录下界面

```
#cd \ home
#tar xvzf arm-linux_2.6.3.32.tgz -C /
```

注意：C 后面有个空格，并且 C 是大写的，它是英文单词“Change”的第一个字母。

C 在此是改变目录的意思。

（2）执行解压命令，解压缩过程界面如图 6-4 所示。

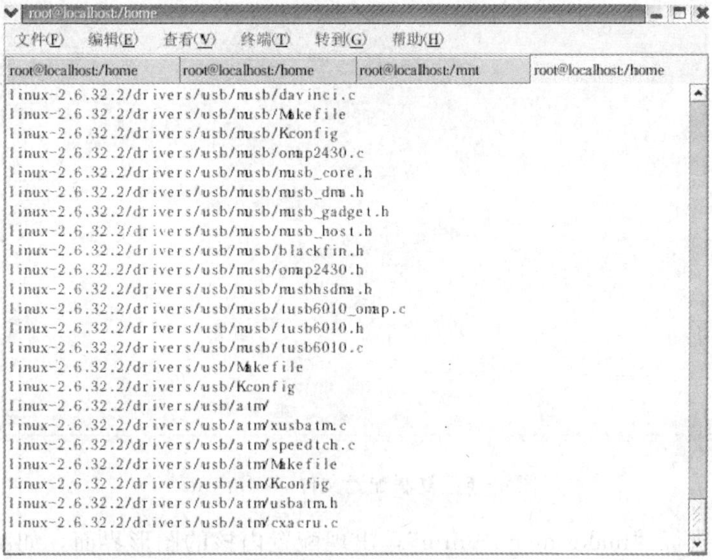

图 6-4　解压缩过程界面

（3）使用 ls 命令可以看到 linux_2.6.3.32.tgz 解压后在根文件下多出了 linux-2.6.32.2 文件，如图 6-5 所示。

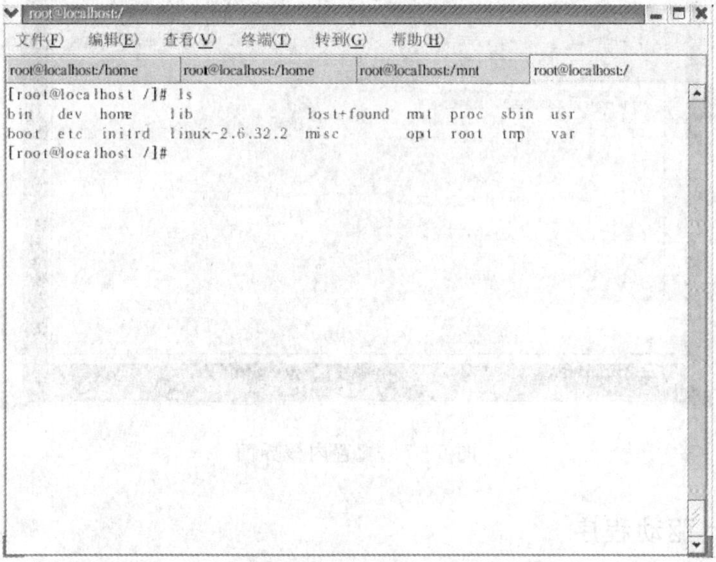

图 6-5　解压后根文件下生产了 linux-2.6.32.2 文件

（4）执行以下命令来使用缺省配置文件 config _ n35。

```
#cp config _ mini2440 _ n35 . config
```

注意：n35 后面有个空格，然后有个“.”开头的 config，如图 6 - 6 所示。

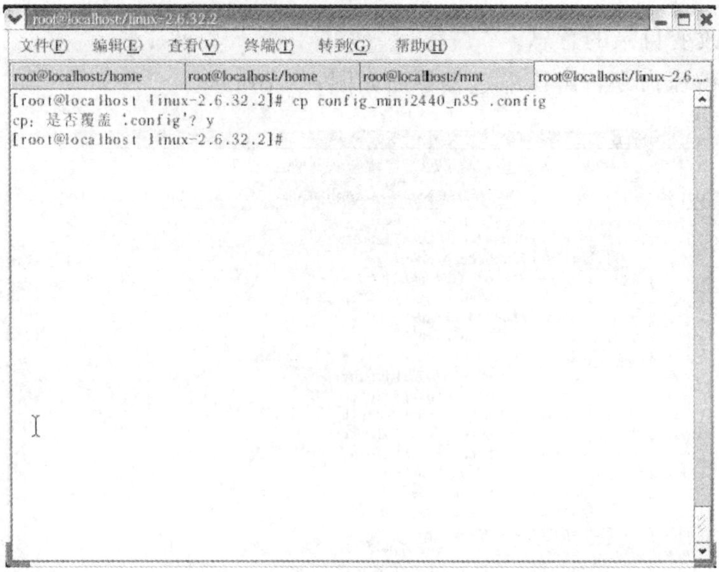

图 6 - 6　复制配置文件 config _ n35

（5）然后执行“make menuconfig”，出现配置内核的图形界面，如图 6 - 7 所示。

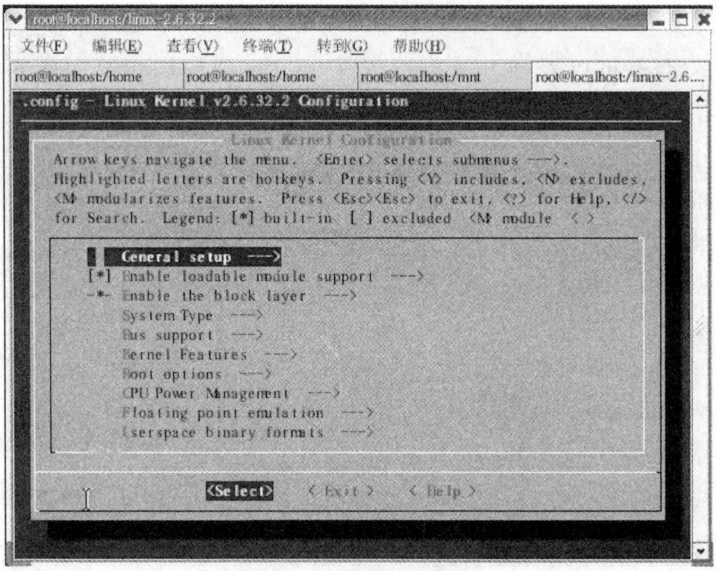

图 6 - 7　配置内核界面

6. 4. 2　Hello 驱动程序

驱动程序即运行与内核态的程序。以一个简单的 Hello 为例学习下驱动程序。

```
hello_module.c
#include <linux/kernel.h>
#include <linux/module.h>
static int __init hello_module_init (void) //hello 模块函数
{
    printk ("Hello, module is installed ! \n"); //打印模块加载成功
    return 0;
}
static void __exit hello_module_cleanup (void)
{
    printk ("Good-bye, module was removed! \n"); //打印模块卸载成功
}
module_init (hello_module_init); //驱动模块加载函数
module_exit (hello_module_cleanup); //驱动模块卸载函数
MODULE_LICENSE ("GPL"); //模块许可证声明
```

将编写好的 hello_module.c 文件放在/linux_2.6.3.32/driver/char/文件中。

6.4.3 编译 Hello 驱动

编译 2.6 内核驱动需要将驱动代码加到内核代码树中，并作相关配置，打开/linux_2.6.3.32/driver/char/Kconfig 文件，修改 Kconfig 文件内容，如图 6-8 所示。

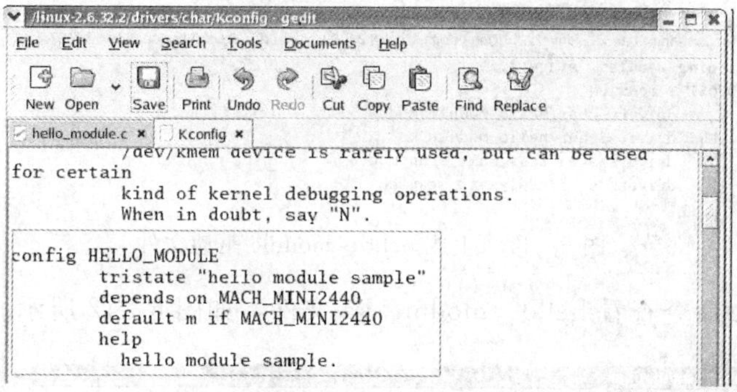

图 6-8 修改 Kconfig 内容界面

打开/linux_2.6.3.32/driver/char/Makefile 文件，修改 Makefile 文件内容，如图 6-9 所示。

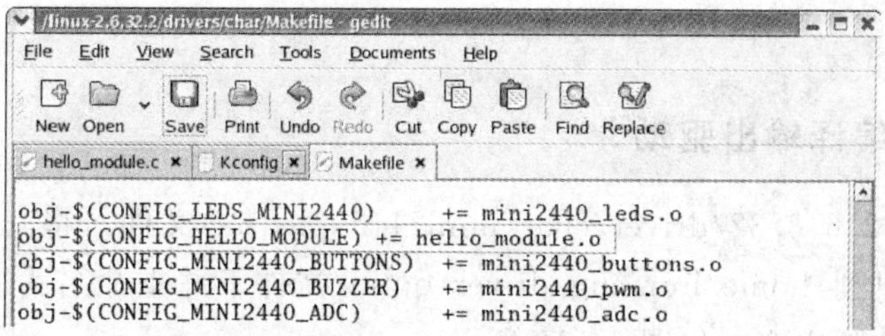

图 6-9 修改 Makefile 内容界面

保存退出，回到/linux _ 2.6.3.32/文件中，终端输入命令，出现图形界面配置编译驱动选项，选择 Device Drivers ->Character devices，如图 6－10 所示：

```
#make menuconfig
```

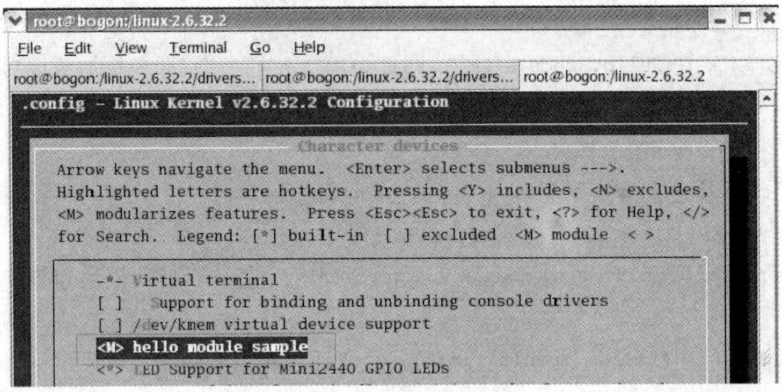

图 6－10　选择 hello 驱动界面

按下空格键可以选择模块编译方式，［M］表示单独已模块方式编译，［*］表示将该选项编译到内核树中。我们在此选择［M］，保存退出终端输入命令，生成 hello _ module. ko 文件，如图 6－11 所示。

```
#make modules
```

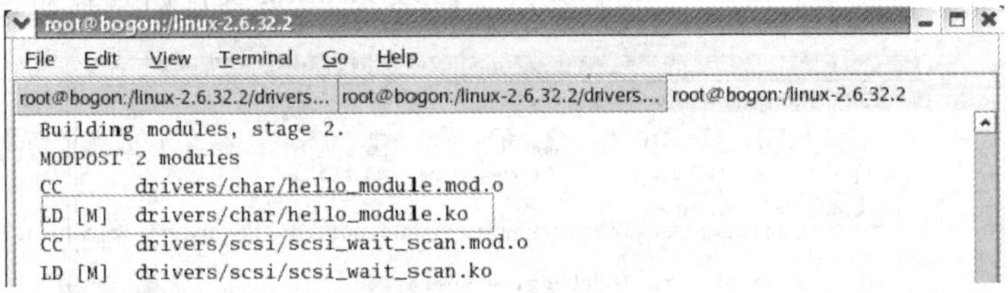

图 6－11　生成 hello _ module 驱动文件

终端使用 file 命令查看 hello _ module. ko 文件，如图 6－12 所示。

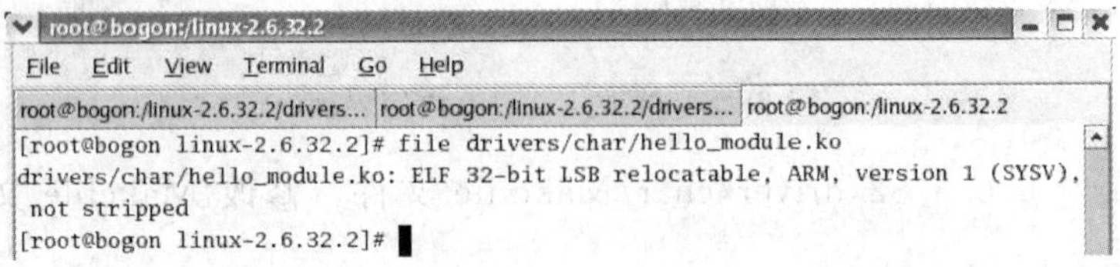

图 6－12　查看 hello _ module. ko 文件属性

6.4.4　编写并编译输出驱动

复制/linux _ 2.6.3.32/driver/char/mini2440 _ leds. c 文件，将其拷贝到其他文件中，这里将其拷贝到/home/liumeng/driver/outio/文件下并重命名为 outio. c 文件，打开该文件并修改文件内容，如图 6－13 所示。

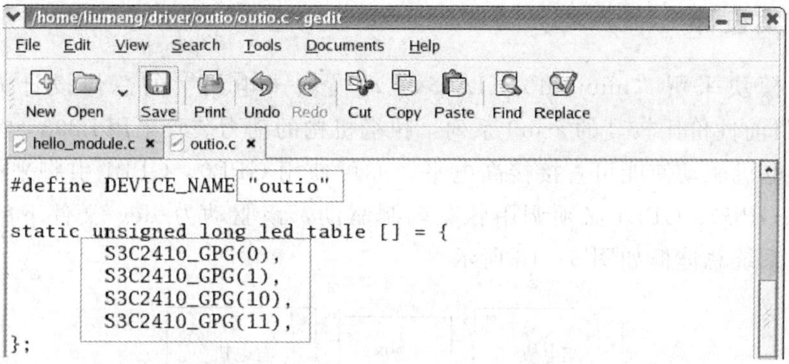

图 6－13　输出驱动修改内容界面

这里修改的引脚是开发板扩展引脚，分别对应 CON4 的第 16、17、18、19 引脚，修改完保存退出，编写 Makefile 文件，如图 6－14 所示。

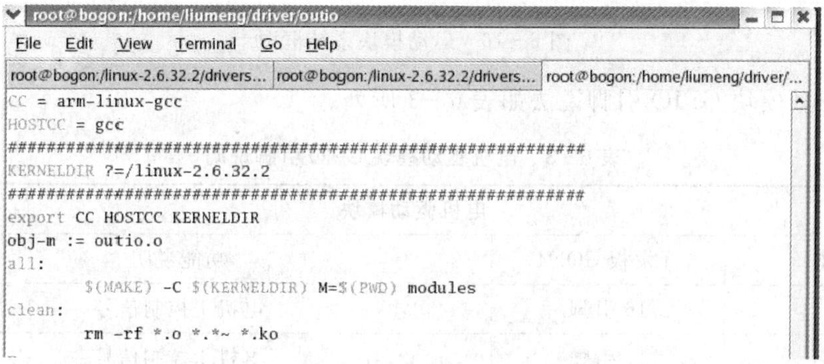

图 6－14　输出驱动 Makefile 修改内容界面

Makefile 中指定 CC 为 arm－linux－gcc 交叉编译器，KERNELDIR 为指定内核文件路径，应为编译需要的头文件都在 2.6 内核文件中。Obj－m 为编译方式为驱动模块，其依赖文件为 outio.o 文件。$（MAKE）－C $（KERNELDIR）M＝$（PWD）modules 为编译命令。编译结果如图 6－15 所示。

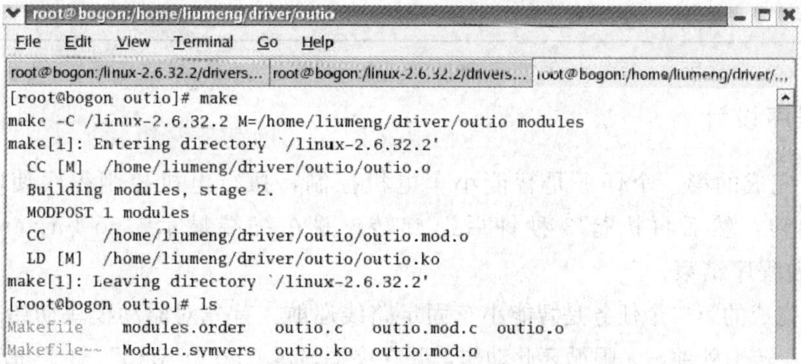

图 6－15　输出驱动编译界面

6.4.5 方案设计

该功能模块采用“mini2440＋L298 驱动模块＋电机”的总体设计方案，其中 MCU 采用目前性价比较高的 arm9 系列，执行机构的动力装置采用 L298 驱动模块驱动直流电机，电机驱动使能可直接接高电平，亦可使用 GPB0、GPB1 引脚来控制电机的使能，使用 GPB0、GPB1 必须调用脉宽调制驱动，该驱动为/dev/文件下的 pwm。电机驱动模块系统总体框如图 6－16 所示。

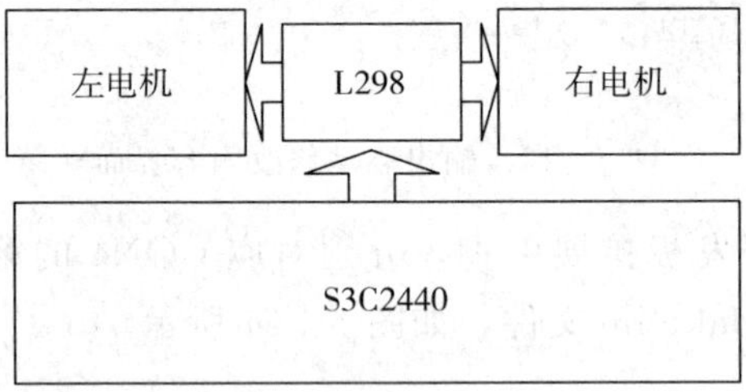

图 6－16　运动模块系统框图

电机驱动模块 GPIO 引脚说法如表 6－3 所列。

表 6－3　电机驱动模块 GPIO 引脚说明

电机驱动模块		
引脚	开发板 CON4	功能说明
GPG0	16 引脚	电机 1 控制信号
GPG1	17 引脚	电机 1 控制信号
GPB0	31 引脚	电机 1 使能及脉宽调速
GPG10	23 引脚	电机 2 控制信号
GPG11	24 引脚	电机 2 控制信号
GPB1	32 引脚	电机 2 使能及脉宽调速
VCC	1 引脚	5V 电压
GND	3 引脚	接地

6.4.6 程序设计

本项目完成的第一个任务是智能小车电机控制，执行电机控制程序使电机执行 3 秒钟前进旋转，然后再执行 3 秒钟后退旋转，并在终端显示“go forward”和“go back”，然后程序结束。

本项目完成的第二个任务是智能小车固定路线巡航。首先对驱动模块初始化，小车前进 3 秒钟后左转 1 秒钟，无限循环此动作，并在终端显示“go forward”和“turn right”。

本功项目完成的第三个任务是智能小车接收键盘键值后小车做相应动作。首先对驱动模块初始化，无限循环等待键盘键值输入，接收键值为 a、w、s、d，分别调用前进、后退、左转、右转函数。当没有接收到新按键指令时，保持当前按键动作，如图 6-17 至图 6-19 所示。

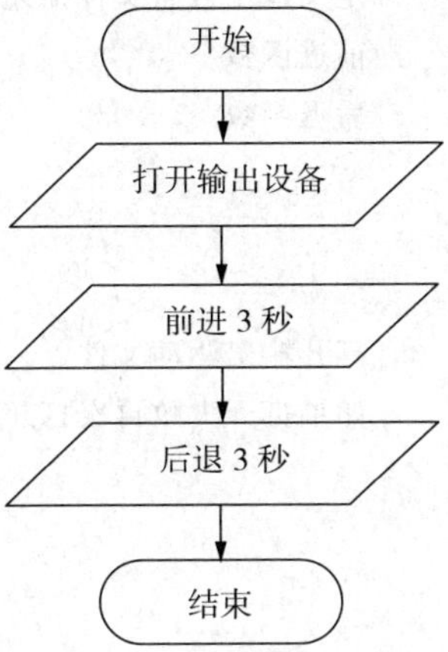

图 6-17　任务一
智能小车运动流程图

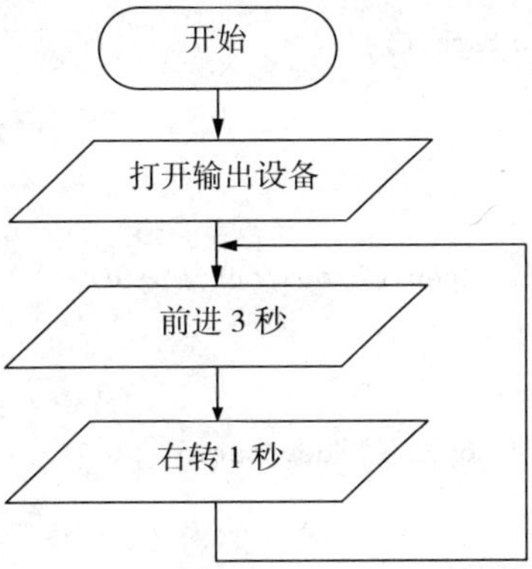

图 6-18　任务二
智能小车固定路线巡航流程图

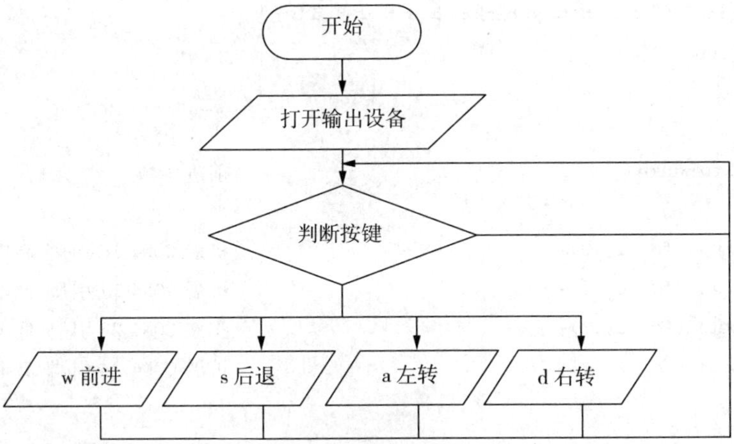

图 6-19　任务三智能按键控制巡航流程图

6.4.7　程序代码编辑

任务一　智能小车运动程序

```
/* ==============================================================
名称：motor1.c
功能：智能小车前进运动 3 秒钟，然后后退运动 3 秒钟。
============================================================== */
#include <stdio.h>                         //标准输入输出头文件
#include <termios.h>                       //终端输入输出头文件
#include <unistd.h>                        //包含 read () 函数头文件
```

```
#include <sys/ioctl.h>                        //包含 ioctl () 函数头文件

int fd;                                       //定义输出设备文件描述符
void forward ();                              //前进函数
void back ();                                 //后退函数
main ()
{
  char a;
  fd = open ("/dev/outio", 0);                //打开输出驱动文件
  if (fd<0)                                   //如果打开失败再次打开
   {
  fd = open ("/dev/outio", 0);
  }
  forword ();
  printf ("####go forward######\n");
  sleep (3);
  back ();
  printf ("####go back#######\n");
  sleep (3);
}

void forward ()                               //前进函数
{
  ioctl (fd, 1, 0);                           //扩展 CON4 16 引脚 高电平
  ioctl (fd, 0, 1);                           //扩展 CON4 17 引脚 低电平
  ioctl (fd, 0, 2);                           //扩展 CON4 23 引脚 低电平
  ioctl (fd, 1, 3);                           //扩展 CON4 24 引脚 高电平
}

void back ()                                  //后退函数
{
  ioctl (fd, 0, 0);                           //扩展 CON4 16 引脚 低电平
  ioctl (fd, 1, 1);                           //扩展 CON4 17 引脚 高电平
  ioctl (fd, 1, 2);                           //扩展 CON4 23 引脚 高电平
  ioctl (fd, 0, 3);                           //扩展 CON4 24 引脚 低电平
}
```

任务二　智能小车巡航运动

```
/* =============================================================
名称：motor2.c
功能：智能小车固定路线巡航，前进后左转，无限循环上述运动。
```

```
================================================================ */
#include <stdio.h>                              //标准输入输出头文件
#include <termios.h>                            //终端输入输出头文件
#include <unistd.h>                             //包含 read () 函数头文件
#include <sys/ioctl.h>                          //包含 ioctl () 函数头文件

int fd;                                         //定义输出设备文件描述符
void forward ();                                //前进函数
void back ();                                   //后退函数
main ()
{
  fd = open ("/dev/outio", 0);                  //打开输出驱动文件
  if (fd<0) //如果打开失败再次打开
   {
    fd = open ("/dev/outio", 0);
   }
    while (1)
      {
        forword ();
        printf ("####go forward######\n");
        sleep (3);
      turn_right ();
      printf ("####turn right#######\n");
      sleep (1);
    }
}

void forward ()                                 //前进函数
{
  ioctl (fd, 1, 0);                             //扩展 CON4 16 引脚 高电平
  ioctl (fd, 0, 1);                             //扩展 CON4 17 引脚 低电平
  ioctl (fd, 0, 2);                             //扩展 CON4 23 引脚 低电平
  ioctl (fd, 1, 3);                             //扩展 CON4 24 引脚 高电平
}

void turn_right ()                              //右转函数
{
  ioctl (fd, 0, 0);                             //扩展 CON4 16 引脚 低电平
  ioctl (fd, 1, 1);                             //扩展 CON4 17 引脚 高电平
  ioctl (fd, 0, 2);                             //扩展 CON4 23 引脚 低电平
  ioctl (fd, 0, 3);                             //扩展 CON4 24 引脚 低电平
}
```

任务三　按键控制智能小车运动

```
/* ================================================================
名称：motor3.c
功能：按键控制智能小车巡航，w 前进、s 后退、a 左转和 d 右转，esc 退出程序。
================================================================= */
#include <stdio.h>                              //标准输入输出头文件
#include <termios.h>                            //终端输入输出头文件
#include <unistd.h>                             //包含 read () 函数头文件
#include <sys/ioctl.h>                          //包含 ioctl () 函数头文件

#defineESC _ KEY0x1b                            //定义输出设备文件描述符
static int fd = -1;

void forward ();                                //前进函数
void back ();                                   //后退函数
void turn _ left ();                            //左转函数
void turn _ right ();                           //右转函数
void stop ();                                   //停止函数
main ()
{
  int ch;
  fd = open ("/dev/outio", 0);                  //打开输出驱动文件
  if (fd<0)                                     //如果打开失败再次打开
    {
   fd = open ("/dev/outio", 0);
  }
while (1)
{
  ch = getchar ();                              //获取键盘输入
  switch (ch)                                   //判断键值
    {
     case 'w':
           forward ();                          //调用前进函数
           printf ("####go forward######\n");
           break;
     case 's':
           back ();                             //调用后退函数
           printf ("####go back########\n");
           break;
     case 'a':
           turn _ right ();                     //调用右转函数
```

```
            printf ("####turn left########\n");
            break;
        case 'd':
            turn_left ();                          //调用左转函数
            printf ("####turn right########\n");
            break;
        case ESC_KEY:                              //键值为 esc
        case EOF:
          stop ();                                 //调用停止函数
          close (fd);
          printf ("########stop########\n");
          fd = -1;
          exit (0);                                //退出程序
        default:                                   //缺省退出
          break;
        }
    }
}

void forward ()                                    //前进函数
{
  ioctl (fd, 1, 0);                                //扩展 CON4 16 引脚 高电平
  ioctl (fd, 0, 1);                                //扩展 CON4 17 引脚 低电平
  ioctl (fd, 0, 2);                                //扩展 CON4 23 引脚 低电平
  ioctl (fd, 1, 3);                                //扩展 CON4 24 引脚 高电平
}

void back ()                                       //后退函数
{
  ioctl (fd, 0, 0);                                //扩展 CON4 16 引脚 低电平
  ioctl (fd, 1, 1);                                //扩展 CON4 17 引脚 高电平
  ioctl (fd, 1, 2);                                //扩展 CON4 23 引脚 高电平
  ioctl (fd, 0, 3);                                //扩展 CON4 24 引脚 低电平
}
void turn_left ()                                  //左转函数
{
  ioctl (fd, 0, 0);                                //扩展 CON4 16 引脚 低电平
  ioctl (fd, 0, 1);                                //扩展 CON4 17 引脚 低电平
  ioctl (fd, 1, 2);                                //扩展 CON4 23 引脚 高电平
  ioctl (fd, 0, 3);                                //扩展 CON4 24 引脚 低电平
```

```
}
void turn _ right ()                         //右转函数
{
  ioctl (fd, 0, 0);                          //扩展 CON4 16 引脚 低电平
  ioctl (fd, 1, 1);                          //扩展 CON4 17 引脚 高电平
  ioctl (fd, 0, 2);                          //扩展 CON4 23 引脚 低电平
  ioctl (fd, 0, 3);                          //扩展 CON4 24 引脚 低电平
}
void stop ()                                 //停止函数
{
  ioctl (fd, 0, 0);                          //扩展 CON4 16 引脚 低电平
  ioctl (fd, 0, 1);                          //扩展 CON4 17 引脚 低电平
  ioctl (fd, 0, 2);                          //扩展 CON4 23 引脚 低电平
  ioctl (fd, 0, 3);                          //扩展 CON4 24 引脚 低电平
}
```

6.4.8 交叉编译并下载调试

使用命令行进行手工交叉编译示例程序。

```
#arm - linux - gcc - omotor1 motor1. c
```

最后将生成 ir1/ir2 可执行文件，使用 file 命令可以检查生成的 ir1 可执行文件是否为 ARM 体系和格式版本，能在开发板上正常运行的可执行文件。

```
[root@ lesson _ 1] #file motor1
motor1: ELF  32 - bit  LSB  executable, ARM, version1 (SYSV), dynamically linked
(uses shared libs), for GUN/Linux2. 6. 14, not stripped
```

将编译好的驱动文件和测试文件下载到目标板，主要有 3 种方式。

① 复制到介质（如 U 盘）；

② 通过串口传送文件到开发板；

③ 通过 NFS（网络文件系统）直接运行（推荐使用）。

请先按照项目 2 搭建好超级终端和 NFS，然后在命令行输入以下命令（假定服务器的 IP 地址为 192. 168. 1. 123）。

```
#mount - o nolock 192. 168. 1. 123: /home/mnt
```

挂载成功后，在虚拟机的 Linux 终端把 motor1、motor2、motor3 和 outioio. ko 放到/home 目录，然后在开发板的超级终端的/mnt 文件下就能看到上述文件。可以在/mnt 文件下直接加载输出驱动和运行测试文件，但因为/mnt 为临时挂载文件，为了更好地保存输出和测试文件，最好将这几个文件保存到开发板下的/home 文件中。使用命令加载输出驱动并执行测试文件，超级终端输入以下命令。

```
#cp /mnt/outioo. ko /home
#/dev/insmod /home/outio. ko
```

```
#cd /home
#./motor1
```

在超级终端上运行 motor1、motor2 和 motor3，可看到终端显示的返回值。将 motor1、motor2 和 motor3 写入开机运行程序脚本中，使其在开机时自动运行。用 vi 编辑器打开开机运行脚本/etc/rSc。

```
#vi /etc/rSc
```

在脚本末尾写入：

```
#/dev/insmod /home/outio.ko
#cd /home
#./motor1
```

任务一终端执行结果如图 6-20 所示。

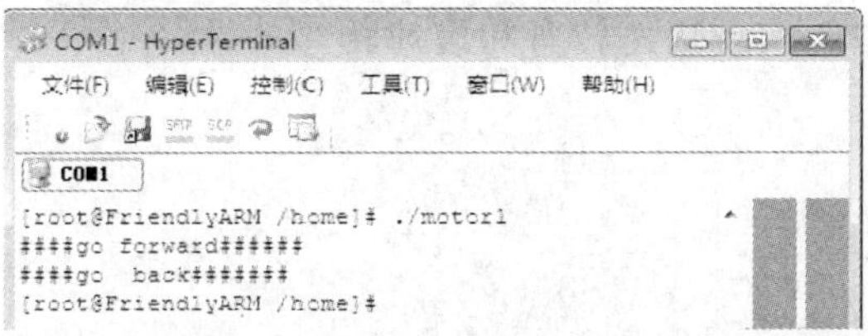

图 6-20　任务一智能小车运动测试终端执行结果图

任务二终端执行结果如图 6-21 所示。

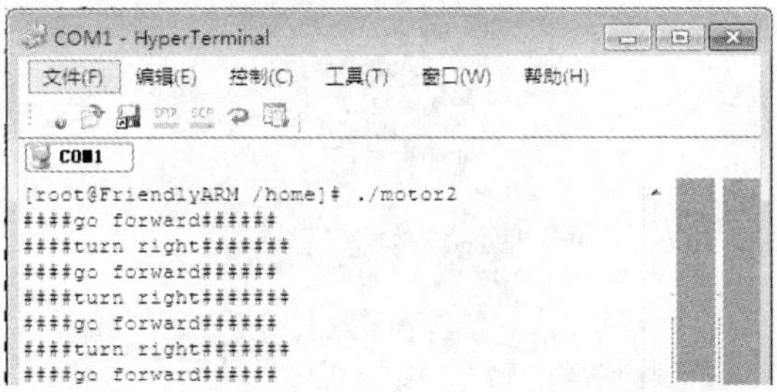

图 6-21　任务二智能小车固定线路巡航终端执行结果图

任务三终端执行结果如图 6-22 所示。

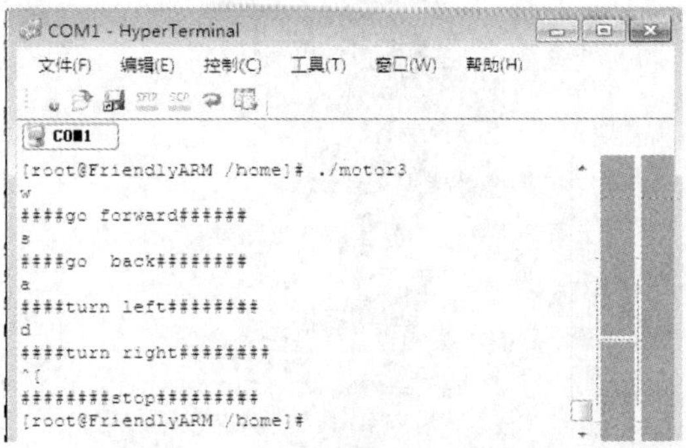

图 6-22　任务三按键控制智能小车运动终端执行结果图

6.5 任务练习

6.5.1 智能小车固定线路巡航

实现智能小车 8 字线路巡航。

6.5.2 脉宽调制控制智能小车

使用脉宽调制控制智能小车运动速度，实现小车原地慢速转圈 3 秒钟，然后快速转圈 3 秒钟。

6.5.3 智能小车转弯状态控制

编写小车运动函数，实现快速转弯和慢速转弯效果。

项目 7 红外模块设计

7.1 项目描述

本项目的主要内容是：运用 2440 开发板的 GPIO 接口编程，检测两个红外传感器返回值，根据两个传感器返回值控制小车直行、小左转、大左转、小右转、大右转等功能，实现小车躲避障碍功能。

本模块通过探测红外传感器返回值来确定前方是否有障碍物，如果有障碍物则根据是左右哪个红外传感器探测到的物体来判断小车是左拐、右拐还是后退。使小车能自主巡航而不会撞到物体。本模块是嵌入式小车实现多功能自主漫游控制的一个重要基础。

7.2 教学目标

通过学习与实践，掌握如下知识和技能。掌握 2440 开发板的 GPIO 接口的扩展使用方法，掌握红外传感器的基本工作原理和检测方法，掌握输入驱动的编辑、编译和加载，掌握 open、read、write 和 iotle 等函数的使用方法，掌握开机运行脚本程序的内容修改，掌握智能小车的装调步骤。

7.3 必备知识

7.3.1 关于红外传感器

红外传感器分为被动红外传感器和主动红外传感器，被动只有红外接收器。当被防范范围内有目标入侵并移动时，将引起该区域内红外辐射变化，而红外探测器能测出这种红外变化并发出报警信号。主动红外传感器是由红外发射器和接收器两个部件构成的，一端发射红外线，另一端接收红外线。通过红外线将对射两端形成一个回路。红外传感器实物如图 7-1 所示。

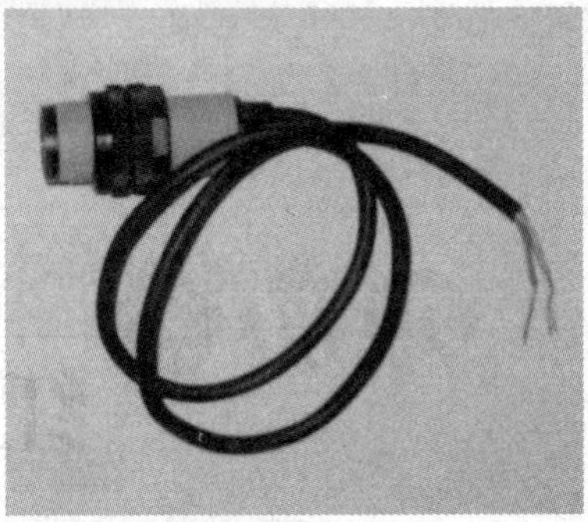

图 7-1　红外传感线实物图

7.3.2　open 函数

作用：打开和创建文件。

简述：open 是 Unix 系统（包括 Linux、Mac 等）的系统调用函数，区别于 C 语言库函数 fopen。使用格式如下：

```
int open (constchar * pathname, int flags, mode _ tmode);
```

返回值：成功则返回文件描述符，否则返回-1。

对于 open 函数来说，第三个参数仅当创建新文件时（即使用了 O _ CREAT 时）才使用，用于指定文件的访问权限位（access permission bits）。pathname 是待打开/创建文件的 posix 路径名（如/home/user/a.cpp）；flags 用于指定文件的打开/创建模式，这个参数可由以下常量（定义于 fcntl.h）通过逻辑位或逻辑构成。

O _ RDONLY 只读模式

O _ WRONLY 只写模式

O _ RDWR 读写模式

打开/创建文件时，至少要使用上述三个常量中的一个。当然还有很多可以选用的常量用于文件操作和文件传输。内容较多就不在此过多讲述。有兴趣的同学可自行学习 open 函数的其他使用方法。

7.3.3　read 函数

作用：读取文件。

简述：读取文件指从某一个已打开的文件中，读取一定数量的字符，然后将这些读取的字符放入某一个预存的缓冲区内，供以后使用。使用格式如下：

```
number = read (handle, buffer, n);
```

上述 read 调用函数中，各个参数的定义如下：

handle：这是一个已经打开的文件句柄，表示从这个文件句柄所代表的文件读取数据。

buffer：指缓冲区，即读取的数据会被放到这个缓冲区中去。

n：表示调用一次 read 操作，应该读多少数量的字符。

number：表示系统实际所读取的字符数量。

成功时，read 返回实际所读的字节数，如果返回的值是 0，表示已经读到文件的结束了。另外，如果读取文件失败，系统将返回-1 给 number。

7.3.4　write 函数

作用：写数据。

简述：向打开的设备或文件中写数据。使用格式如下：

```
ssize _ twrite (int handle, void * buf, int nbyte);
```

handle：指文件描述符。

buf：指定的缓冲区，即指针，指向一段内存单元。

nbyte：指要写入文件指定的字节数。

write 函数把 buf 中 nbyte 写入文件描述符 handle 所指的文档，成功时返回写的字节数，错误时返回-1。

7.3.5　ioctl 函数

作用：I/O 通道管理。

简述：ioctl 是设备驱动程序中对设备的 I/O 通道进行管理的函数。所谓对 I/O 通道进行管理，就是对设备的一些特性进行控制，例如串口的传输波特率、马达的转速等等。使用格式如下：

```
int ioctl (int fd, ind cmd, …);
```

其中 fd 就是用户程序打开设备时使用 open 函数返回的文件标示符，cmd 就是用户程序对设备的控制命令，至于后面的省略号，那是一些补充参数，一般最多一个，有或没有是和 cmd 的意义相关的。ioctl 函数是文件结构中的一个属性分量，就是说如果驱动程序提供了对 ioctl 的支持，用户就可以在用户程序中使用 ioctl 函数控制设备的I/O通道。

7.4　任务实现

7.4.1　编写并编译输入驱动

复制/linux _ 2.6.3.32/driver/char/mini2440 _ button.c 文件，将其拷贝到其他文件中，这里我们将其拷贝到/home/liumeng/driver/inio/文件下并重命名为 inio.c 文件，打开该文件并修改文件内容，如图 7－2 所示。

这里修改的引脚是开发板扩展引脚，分别对应 CON4 的第 9、10、14、15 引脚。修改完保存退出，编写 Makefile 文件，如图 7－3 所示。

```
#include <linux/sched.h>
#include <linux/gpio.h>

#define DEVICE_NAME "inio"
// con4 14 15 9 10
static unsigned long key_table [] = {
        S3C2410_GPF(5),//0
        S3C2410_GPF(6),//1
        S3C2410_GPF(0),
        S3C2410_GPF(1),
};

static unsigned int key_cfg_table [] = {
        S3C2410_GPIO_INPUT,
        S3C2410_GPIO_INPUT,
        S3C2410_GPIO_INPUT,
        S3C2410_GPIO_INPUT,
};
```

图 7－2　输入驱动源文件修改内容界面

```
CC = arm-linux-gcc
#HOSTCC = gcc

KERNELDIR ?= /linux-2.6.32.2

#export CC HOSTCC

obj-m := inio.o

all:
	$(MAKE) -C $(KERNELDIR) M=$(PWD) modules
clean:
	rm -rf *.o  *.ko
```

图 7－3　Makefile 文件修改内容界面

Makefile 中指定 CC 为 arm－linux－gcc 交叉编译器，KERNELDIR 为指定内核文件路径，应为编译需要的头文件都在 2.6 内核文件中。Obj－m 为编译方式为驱动模块，其依赖文件为 inio.o 文件。$（MAKE）－C $（KERNELDIR）M＝$（PWD）modules 为编译命令。编译结果如图 7－4 所示。

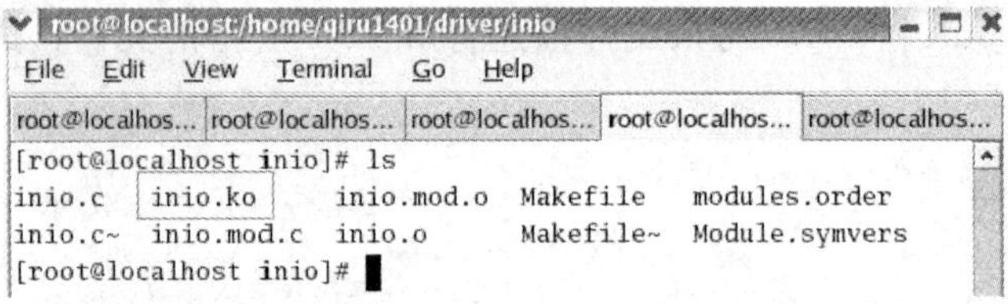

图 7－4　编译好的输入驱动

7.4.2　方案设计

该功能模块采用“S3C2440＋执行机构”的总体设计方案，电机控制部分同项目 6，小车探测物体采用的是光电开关传感器 E3F－DS30C4，它是数字传感器，NPN 常开型光电开关，即数字电路中的低电平和高电平，正常状态输出高电平。检测到目标时输出低电平，它利用被测物对光束的遮挡或反射，有同步回路选通电路，接收器在根据接收到光线的强弱或者有无对目标物体进行探测，在小车的前面安装两个光电开关传感器，可以探测到路边的标志物，同时调整电机的转速，使小车完成躲避障碍物的任务。

系统总体框如图 7－5 所示。

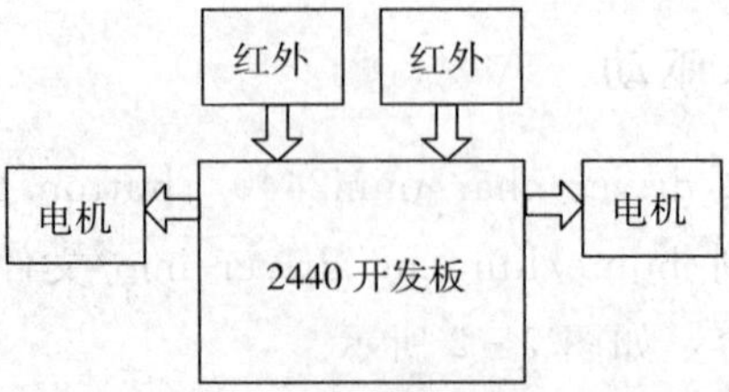

图 7－5　智能小车红外避障框图

红外导航模块 GPIO 引表说明见表 7－1 所列。

表 7－1 红外导航模块 GPIO 引表说明

红外导航模块		
引脚	开发板 CON4	功能说明
GPG0	16 引脚	电机 1 控制信号
GPG1	17 引脚	电机 1 控制信号
GPB0	31 引脚	电机 1 脉宽调速
GPG10	23 引脚	电机 2 控制信号
GPG11	24 引脚	电机 2 控制信号
GPB1	32 引脚	电机 2 脉宽调速
VCC	1 引脚	5V 电压
GND	3 引脚	接地
GPF5	14 引脚	左红外
GPF6	15 引脚	右红外

光电开关传感器 E3F－DS30C4 是一种集发射与接收于一体的光电传感器。检测距离可以根据要求进行调节。该传感器具有探测距离远、受可见光干扰小、价格便宜、易于装配、使用方便等特点，可以广泛应用于机器人避障、流水线计件等众多场合。为使小车能够做出正确的判断，首先要调解红外光电传感器的探测距离，这样可以避免小车探测到过远的物体而做出错误的判断。设置红外探测距离为 20cm，先在 20cm 处放一物体，看传感器背部指示灯是否点亮，若没有点亮，则顺时针旋转背部的旋钮，直到指示灯点亮为止，反之逆时针旋转至熄灭状态即可。

光电开关有三条线，分别为电源、地、输出。将两个红外的输出分别连接到 S3C2440 的 GPF5 和 GPF6 引脚。小车运行过程中只需扫描 GPF5 和 GPF6 两引脚的状态即可判断有无障碍物。当检测到目标为低电平时为探测到有障碍物，反之为没有障碍物。

7.4.3 程序设计

本项目完成的第一个任务是红外检测。首先对输入驱动模块初始化，对输入设备接口定义，无限循环读入红外传感器状态值；检测到状态有四种，分别是左红外检测到物体、右红外检测到物体、左右同时检测到物体、左右都没有检测到物体；最后将状态显示到终端，如左边传感器检测到物体终端显示 left，右边传感器检测到物体终端显示 right，左右同时检测到物体终端显示 left and right，左右都没有检测到终端无显示。本项目完成的第二个任务是智能小车红外避障，小车上电后自动执行前进运动，如红外传感器没有检测到物体，小车保持直线前进运动。如左边传感器检测到物体，小车向右转弯躲避障碍。如右边传感器检测到物体，小车向左转弯躲避障碍。如左右两个传感器同时检测到物体小车先向后退，然后向右转弯躲避障碍。智能小车红外检测和红外避障流程如图 7－6、图 7－7 所示。

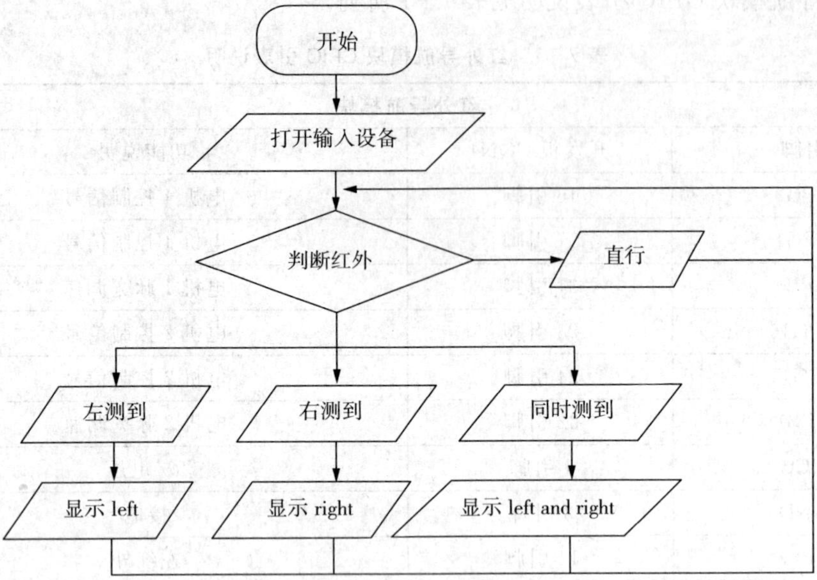

图 7-6 红外检测流程图

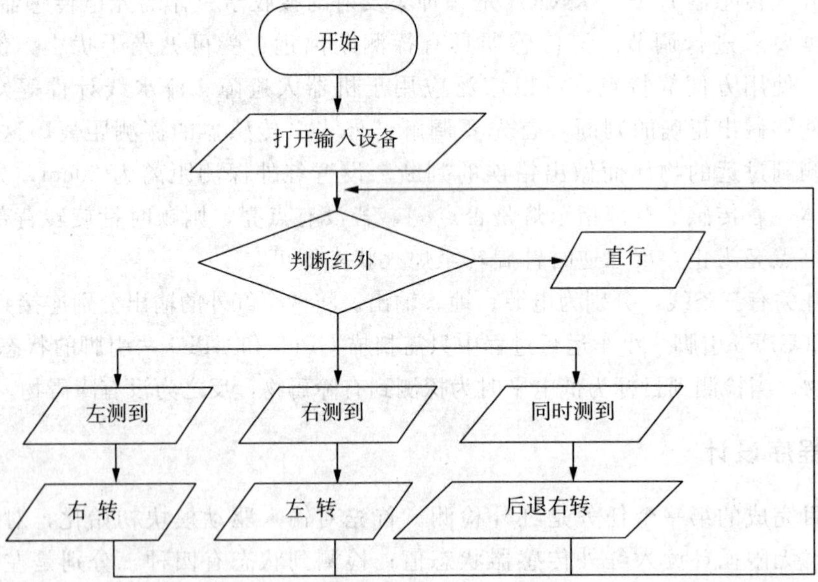

图 7-7 智能小车红外避障流程图

7.4.4 程序代码编辑

任务一 红外检测

```
/*=============================================================
程序名：ir1.c
功  能：红外探测物体
```

```
==================================================================*/
#include <stdio.h>                          //标准输入输出头文件
#include <termios.h>                        //终端输入输出头文件
#include <unistd.h>                         //包含 read() 函数头文件
#include <stdlib.h>                         //标准库文件
#include <sys/time.h>                       //系统时间头文件
#include <fcntl.h>                          //包含 open() 函数头文件
#include <string.h>

int INIO_fd;                                //定义输入设备文件描述符
//打开输入设备函数
void openINIO (void)
{
      INIO_fd = open ("/dev/inio", 0);
      if (INIO_fd < 0)
        {
          perror ("open device INIO");
          exit (1);
        }
}
//主函数
int main (int argc, char **argv)
{
    char current_INIO [9];
    openINIO ();                            //open INPUT
    while (1)
     {//读取输入设备文件值并保存
      read (INIO_fd, current_INIO, sizeof current_INIO);
      //判断数组第 0 位值是否为 0
      if (current_INIO [0] =='0'&& current_INIO [1] =='1')
        {
        printf ("LEFT Is ON! \n");          //打印红外探测结果
        sleep (1);
      }
    //判断数组第 1 位值是否为 0
    if (current_INIO [1] =='0'&& current_INIO [0] =='1')
       {
      printf ("RIGHT Is ON! \n");           //打印红外探测结果
      sleep (1);
      }
    //判断数组第 0 位和第 1 位值是否同时为 0
```

```
    if (current_INIO [1] =='0' && current_INIO [0] =='0')
      {
     printf ("Left and RIGHT ! \n");                    //打印红外探测结果
     sleep (1);
     }
    }
}
```

任务二　红外避障

```
================================================================= */
程序名：ir2.c
功　能：红外避障
================================================================= */
#include <stdio.h>                          //标准输入输出头文件
#include <termios.h>                        //终端输入输出头文件
#include <unistd.h>                         //包含 read () 函数头文件
#include <stdlib.h>                         //标准库文件
#include <sys/time.h>                       //系统时间头文件
#include <fcntl.h>                          //包含 open () 函数头文件

void forward ();                            //前进函数
void back ();                               //后退函数
void turn_left ();                          //左转函数
void turn_right ();                         //右转函数

int OUTIO_fd;                               //定义输出设备文件描述符
int INIO_fd;                                //定义输入设备文件描述符
void openINIO (void);                       //打开输入设备文件
void openOUTIO (void);                      //打开输出设备文件

void openOUTIO (void)
{
    OUTIO_fd = open ("/dev/outio", 0);
    if (OUTIO_fd < 0)
     {
        perror ("open device outio");
        exit (1);
     }
}

void openINIO (void)
```

```
{
    INIO_fd = open ("/dev/inio", 0);
    if (INIO_fd < 0)
     {
       perror (" open device INIO");
       exit (1);
       }
}
void system_init ()
{
openINIO ();                        //open INPUT
openOUTIO ();                       //open OUTPUT
}

int main (int argc, char * * argv)
{
    char current_INIO [9];
    system_init ();
    while (1)
     {
      forward ();
      read (INIO_fd, current_INIO, sizeof current_INIO );
      if (current_INIO [0] =='0' && current_INIO [1] =='1')
        {
        turn_right ();
        sleep (1);
        printf (" LEFT Is ON! \n");
        }
      if (current_INIO [1] =='0' && current_INIO [0] =='1')
        {
        turn_left ();
        sleep (1);
        printf (" RIGHT Is ON! \n");
        }
      if (current_INIO [0] =='0' && current_INIO [1] =='0')
        {
        back ();
        sleep (1);
        turn_left ();
        sleep (1);
        printf (" LEFT and RIGHT Is ON! \n");
```

```
            }
        }
    }
//前进函数
void forward ()
{
    ioctl (OUTIO_fd, 1, 0);                         //16 1
    ioctl (OUTIO_fd, 0, 1);                         //17 0
    ioctl (OUTIO_fd, 0, 2);                         //23 0
    ioctl (OUTIO_fd, 1, 3);                         //24 1
}
//后退函数
void back ()
{
    ioctl (OUTIO_fd, 0, 0);                         //16 0
    ioctl (OUTIO_fd, 1, 1);                         //17 1
    ioctl (OUTIO_fd, 1, 2);                         //23 1
    ioctl (OUTIO_fd, 0, 3);                         //24 0
}
//左转函数
void turn_left ()
{
    ioctl (OUTIO_fd, 0, 0);                         //16 0
    ioctl (OUTIO_fd, 0, 1);                         //17 0
    ioctl (OUTIO_fd, 1, 2);                         //23 1
    ioctl (OUTIO_fd, 0, 3);                         //24 0
}
//右转函数
void turn_right ()
{
    ioctl (OUTIO_fd, 0, 0);                         //16 0
    ioctl (OUTIO_fd, 1, 1);                         //17 1
    ioctl (OUTIO_fd, 0, 2);                         //23 0
    ioctl (OUTIO_fd, 0, 3);                         //24 0
}
```

7.4.5 交叉编译并下载调试

使用命令行进行手工交叉编译示例程序。

```
#arm-linux-gcc-oir1 ir1.c
```

最后将生成 ir1/ir2 可执行文件，使用 file 命令可以检查生成的 ir1 可执行文件是否为能在开发板上正常运行的 ARM 体系和格式版本的可执行文件。

```
[root@ lesson_1] #file ir1
ir1: ELF 32 - bit LSB executable, ARM, version1 (SYSV), dynamically linked (uses shared libs), for GUN/Linux2.6.14, not stripped
```

将编译好的驱动文件和测试文件下载到目标板，主要有 3 种方式。

① 复制到介质（如 U 盘）；

② 通过串口传送文件到开发板；

③ 通过 NFS（网络文件系统）直接运行（推荐使用）。

请先按照项目 2 搭建好超级终端和 NFS，然后在命令行输入以下命令（假定服务器的 IP 地址为 192.168.1.123）。

```
#mount - o nolock 192.168.1.123: /home/mnt
```

在虚拟机的 Linux 终端把 ir1、ir2 和 inio.ko 放到/home 目录，然后在开发板的超级终端的/mnt 文件下就能看到上述文件。可以在/mnt 文件下直接加载输入、输出驱动和运行测试文件。但因为/mnt 为临时挂载文件，为了更好地保存输入、输出和测试文件最好将这几个文件保存到开发板下的/home 文件中。使用命令加载输入驱动并执行测试文件，输出驱动文件加载同项目 6，在超级终端输入以下命令。

```
#cp /mnt/inio.ko /home
#/dev/insmod /home/inio.ko
#cd /home
#./ir1
```

在超级终端上运行 ir1 和 ir2，可看到红外传感器测量到的返回值。将 ir1 和 ir2 写入开机运行程序脚本中使其在开机时自动运行。用 vi 编辑器打开开机运行脚本/etc/rSc。

```
#vi /etc/rSc
```

在脚本末尾写入：

```
#/dev/insmod /home/inio.ko
#cd /home
#./ir1
```

任务一终端执行结果如图 7-8 所示。

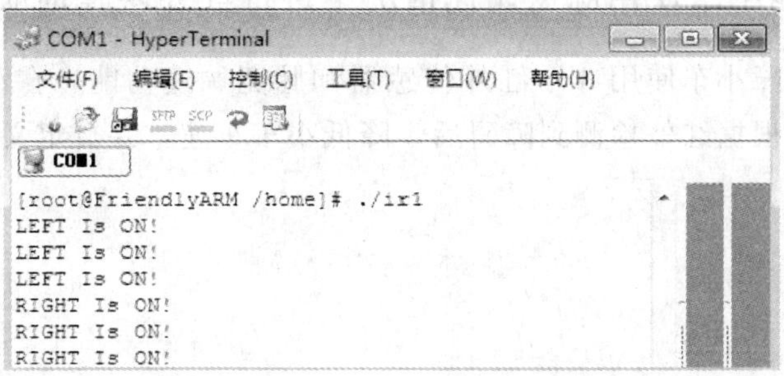

图 7-8　任务一红外探测终端执行结果图

任务二终端执行结果如图 7－9 所示。

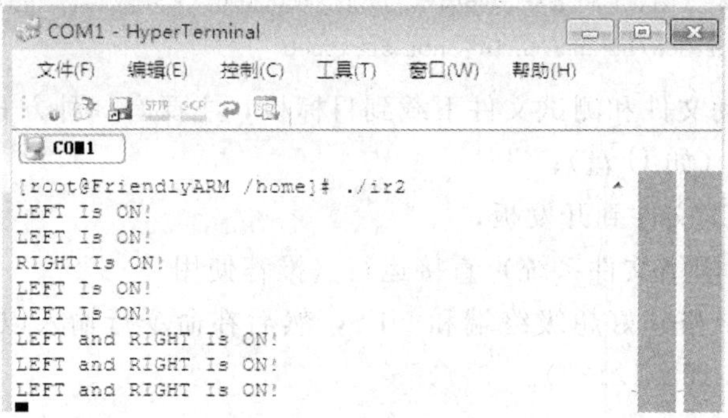

图 7－9　任务二红外避障小车终端执行结果图

7.5　任务练习

7.5.1　实现智能小车红外检测

要求：使用 3 个红外传感器完成红外检测。无限循环检测 3 个红外传感器状态值；检测到状态有 6 种，分别是左红外检测到物体、右红外检测到物体、中间红外检测到物体，左中同时检测到物体、右中都没有检测到和左中右同时检测到物体；最后将状态显示到终端，如左边传感器检测到物体终端显示 left，右边传感器检测到物体终端显示 right，中间传感器检测到物体终端显示 middle，左传感器和中间传感器同时检测到物体终端显示 left and middle，右传感器和中间传感器同时检测到物体终端显示 right and middle，左传感器、右传感器和中间传感器同时检测到物体终端显示 left middle and right，同时都没检测到物体终端显示 nothing。

7.5.2　实现智能小车红外避障巡航

要求：红外避障小车使用 3 个红外传感器，小车上电后自动执行前进运动，根据红外检测障碍结果自定义避障动作。

7.5.3　实现智能小车使用脉宽调速情况下进行红外避障巡航

要求：红外避障小车使用 3 个红外传感器和脉宽调速功能，在小车上电后自动高速执行前进运动，根据红外检测到障碍后，降低小车车速，并自定义避障动作。

项目8 倒车雷达设计

8.1 项目描述

本项目的主要内容是：运用 2440 开发板的 GPIO 接口编程，检测超声波传感器返回值，根据发射和接收回波的时间计算被测物体的距离，设定报警阈值区间，根据判断阈值区间返回不同频率报警提示音。

8.2 教学目标

通过学习与实践，掌握如下知识和技能，掌握 2440 开发板的 GPIO 接口的扩展使用；了解超声波传感器，熟悉超声波传感器工作原理，掌握超声波传感器控制时序；掌握如何调用系统时间，通过精确计算回波用时来计算被测物体距离；掌握开发板程序烧写步骤，掌握开机自动运行脚本的内容修改。

8.3 必备知识

8.3.1 超声波传感器简介

超声波传感器是利用超声波的特性研制而成的传感器。超声波是一种振动频率高于声波的机械波，由换能晶片在电压的激励下发生振动而产生，它具有频率高、波长短、绕射现象小，特别是方向性好、能够成为射线而定向传播等特点。超声波对液体、固体的穿透本领很大，尤其是在阳光不透明的固体中，它可穿透几十米的深度。超声波碰到杂质或分界面会产生显著反射形成反射回波，碰到活动物体能产生多普勒效应。超声波传感器实物如图 8 - 1 所示。

8.3.2 超声波测距原理及计算公式

超声波传感器向空气中发射声脉冲，声波遇到被测物体反射回来，若可以测出第一个回波达到的时间与发射脉冲间的时间差 t，利用 $S=\frac{1}{2}Vt$，即可算得传感器与反射点间的距离 s，测量距离 $d=\sqrt{s^2-\left(\frac{h}{2}\right)^2}$，若$>>h$ 时，则 $d\approx s$。h、s、d 的关系如图 8 - 2 所示。

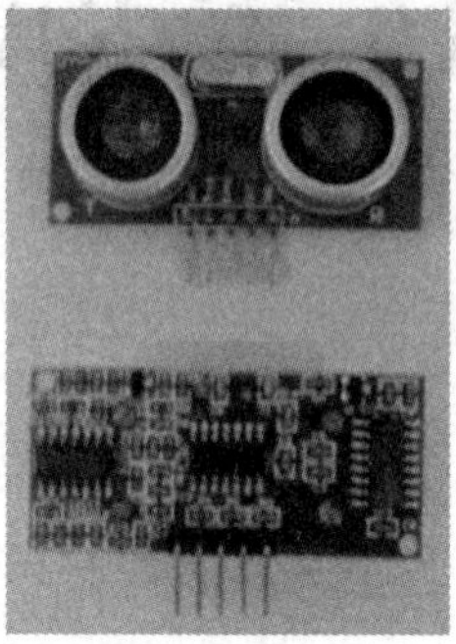

图 8 - 1 超声波传感器实物图

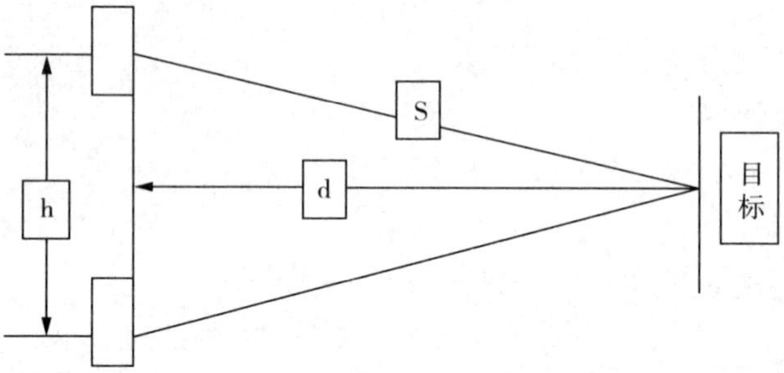

图 8 - 2 h 与 s 和 d 的关系

对于接收探头，因为接收的超声波信号很微弱而且考虑到干扰的因素，接收端有放大电路与滤波电路。当接收到超声波时，I/O 口即为高电平，通过 I/O 口来确定是否检测到超声波，因此通过计算测得距离障碍物的距离然后就可以判断是否转弯。

8.3.3 超声波传感器工作时序

超声波传感器工作时序如图 8 - 3 所示。

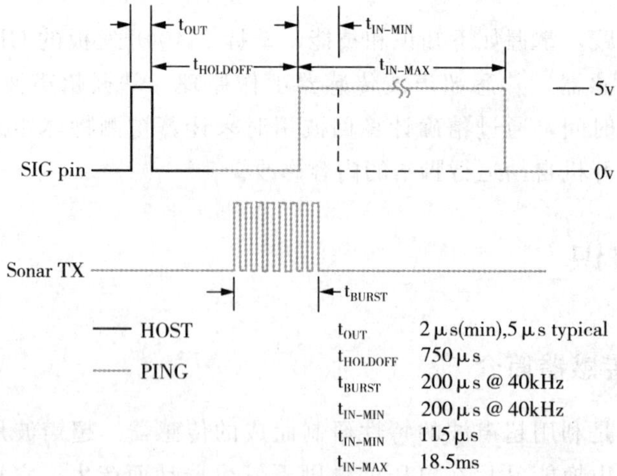

图 8 - 3 超声波传感器工作时序

8.3.4　超声波不能测距的几种情况

超声波传感器在下列情况下不能精确地测量距离。

① 与物体距离大于3m，如图8-4（a）所示。

② 与物体的表面形成的反射角度太小，使声音不能反映回到传感器，如图8-4（b）所示。

③ 物体太小以至于没有足够强度的声音返回到传感器。如图8-4（c）所示。

另外，如果位差超声波距离传感器安装在设备的低处，就可以探测到从地板反射回来的声音。

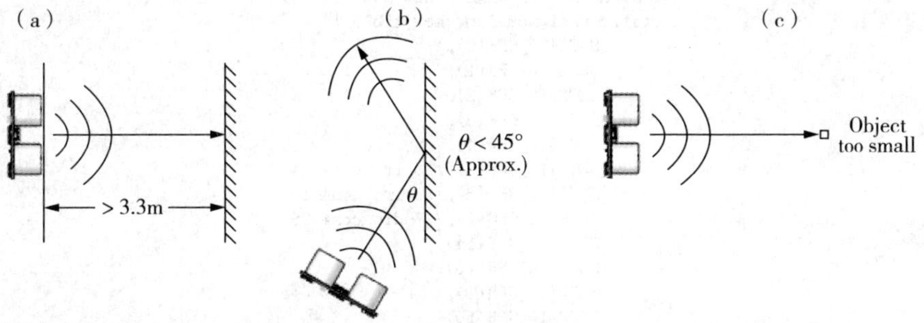

图8-4　超声波传感器不能工作情况

8.3.5　gettimeofday（）函数

作用：获取时间。

简述：获得当前精确时间，它的精度可以达到微妙。使用格式如下：

```
int gettimeofday (struct timeval * tv, struct timezone * tz )
```

其参数tv是保存获取时间结果的结构体，参数tz用于保存时区结果：

```
struct timezone {
int tz _ minuteswest; /* 格林尼治时间往西方的时差 */
int tz _ dsttime; /* DST时间的修正方式 */
}
timezone 参数若不使用则传入 NULL 即可。
而结构体 timeval 的定义为：
struct timeval {
long int tv _ sec; //秒数
long int tv _ usec; //微秒数
}
```

它获得的时间精确到微秒（1e-6s）量级。在一段代码前后分别使用gettimeofday可以计算代码执行时间：

```
struct timeval tv _ begin, tv _ end;
gettimeofday (&tv _ begin, NULL);
```

```
foo ();
gettimeofday (&tv _ end, NULL);
```

8.4 任务实现

8.4.1 编写并编译输入和输出驱动

编辑/inio/文件下的 inio. c 文件，修改该文件内容如图 8 - 5 所示。

```
#define DEVICE_NAME "inio"
static unsigned long key_table [] = {
      S3C2410_GPF(0),
      S3C2410_GPF(1),
      S3C2410_GPF(2),
      S3C2410_GPF(3),
      S3C2410_GPF(4),
      S3C2410_GPF(5),//5 ir  con4 14
      S3C2410_GPF(6),//6 ir  con4 15
      S3C2410_GPG(2),//7 dis con4 28
      S3C2410_GPE(14),
      S3C2410_GPE(15),
      S3C2410_GPH(9),
      S3C2410_GPH(10)
};
```

超声波输入引脚

图 8 - 5　输入驱动源文件修改内容界面

编辑/outio/文件下的 outio. c 文件，修改该文件内容如图 8 - 6 所示。

```
#define DEVICE_NAME "outio"
//motor con4 16 17 23 24 ultrsonic 22
static unsigned long led_table [] = {
      S3C2410_GPG(0),
      S3C2410_GPG(1),
      S3C2410_GPG(10),
      S3C2410_GPG(11),
      S3C2410_GPG(9),
};
```

超声波控制引脚

图 8 - 6　输出驱动源文件修改内容界面

输入和输出驱动使用的是开发板 CON4 扩展引脚的 GPG2 和 GPG9，本别是第 28 和 22 引脚。修改完保存退出，使用 make 命令编译好输入和输出驱动文件，如图 8 - 7 所示。

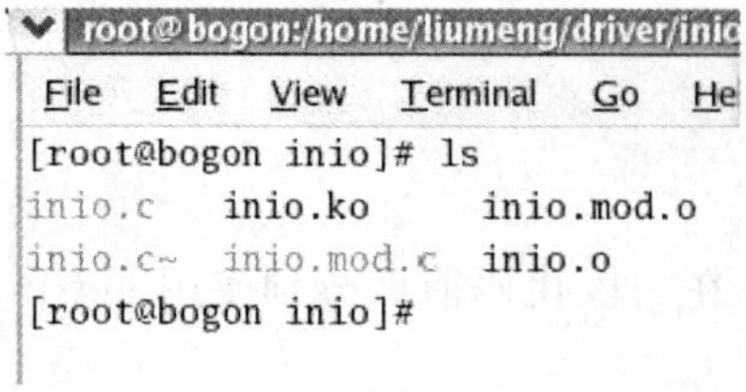

图 8 - 7 (a)　编译好的输入驱动

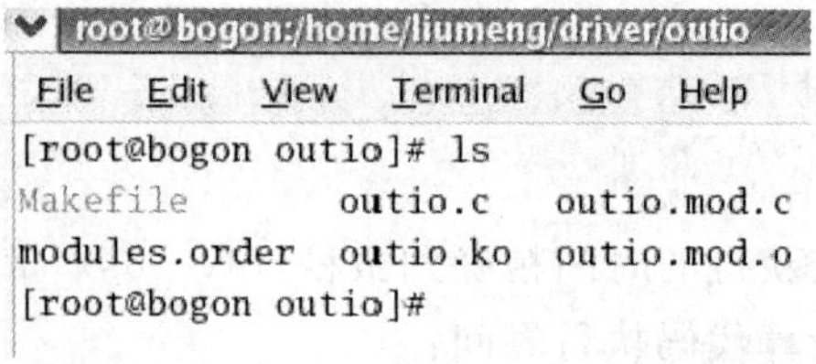

图 8 - 7 (b)　编译好的输出驱动

8.4.2 方案设计

采用“MCU＋传感器＋终端显示设备＋执行机构”的总体设计方案，要求 MCU 对非接触式传感器获取的外部距离信息进行计算转换，将计算出的障碍物距离值显示于终端，并根据程序设定的距离阈值反馈不同频率报警提示音。

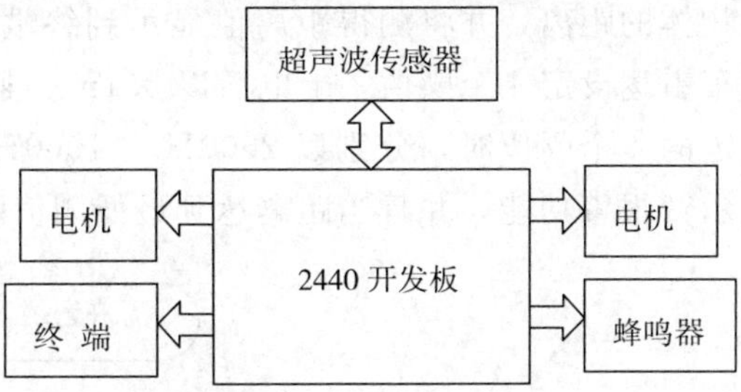

图 8－8 超声波模块系统框图

其中 MCU 采用 S3C2440；传感器采用“超声波传感器”，以非接触的形式测量前方物体的距离，显示设备采用 Windows 超级终端。报警提示部分采用开发板自带的蜂鸣器。小车运动执行采用直流电机，内容同项目 6。超声波模块系统总体框如图 8－8 所示。

倒车雷达模块 GPIO 引脚说明见表 8－1 所示。

表 8－1 倒车雷达模块 GPIO 引脚说明

倒车雷达模块		
引脚	开发板 CON4	功能说明
GPG0	16 引脚	电机 1 控制信号
GPG1	17 引脚	电机 1 控制信号
GPG10	23 引脚	电机 2 控制信号
GPG11	24 引脚	电机 2 控制信号
VCC	1 引脚	5V 电压
GND	3 引脚	接地
GPG2	28 引脚	超声波 Echo
GPG9	22 引脚	超声波控 Trig
GPB0	31 引脚	蜂鸣器引脚

DYP－ME007 超声波引脚说明如下。

① VCC 5V 电源引脚；

② Trig 触发信号引脚；

③ Echo——回响信号输出引脚；

④ OUT——开关信号引脚；

⑤ GND 0V——地线连接引脚。

提供一个 10 μs 的脉冲触发信号，超声波传感器内部将发出 8 个 40Hz 周期电平并检测回波。一旦检测到回波信号则输出回响信号。分别用 GPG9 和 GPG2 引脚来控制超声波 Trig 和超声波 Echo。

8.4.3 程序设计

本项目完成的第一个任务是超声波测距终端显示。根据发射和接收的时间差求出被测物体的距离，并将测得距离值显示到终端上。本项目完成的第二个任务是智能小车倒车雷达设定 4 个阈值，上电后以 0.1m/s 速度倒退，当检测到障碍物冰洁与车距小于设定的 4 个阈值时，分别以 2000Hz、1000Hz 和 300Hz 的频率唱响蜂鸣器，起到不同提示音报警功能，并且当距离达到最低阈值时中断小车倒车行为。

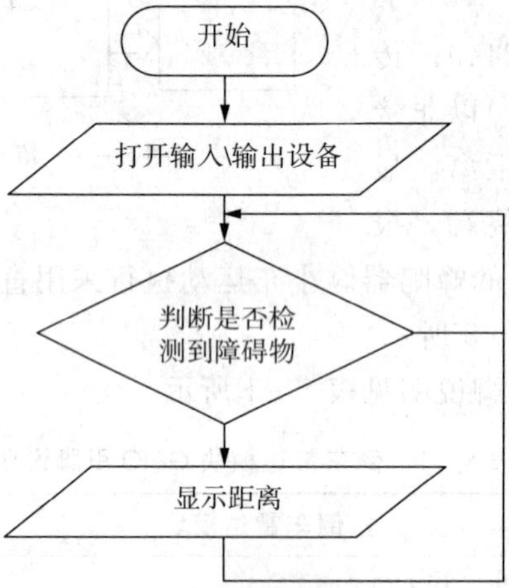

图 8－9　智能小车超声波测距流程图

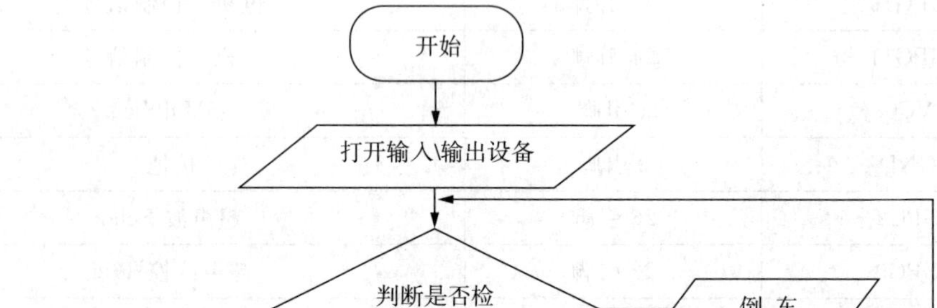

图 8－10　智能小车倒车雷达流程图

8.4.4 程序代码编辑

任务一 超声波距离测量

```
/*================================================
程序名：distance1.c
功  能：超声波测距。
================================================*/
#include<stdio.h>
#include <stdio.h>
#include <termios.h>
#include <unistd.h>
#include <stdlib.h>
#include <sys/time.h>
#include <fcntl.h>
#include<string.h>

int OUTIO_fd;
int INIO_fd;

#define DIS4
#define LOW 0
#define HIGHT 1
//打开输出设备函数
void openOUTIO (void)
{
    OUTIO_fd = open ("/dev/outio", 0);              //打开输出设备函数
    if (OUTIO_fd < 0) {
        perror ("open device inio");                //返回打开失败信息
        exit (1);
    }
}
//打开输入设备函数
void openINIO (void)
{
    INIO_fd = open ("/dev/inio", 0);                //打开输入设备文件
    if (INIO_fd < 0) {
        perror ("open device inio");                //返回打开失败信息
        exit (1);
    }
}
```

```
//测距函数
int get _ dis (void)
{
  long int out _ n, out _ n2;
  char current _ INIO [8];                  //传感器设备信息数组
  struct timeval start, end;                //定义事件开始、结束结构体
  int timeuse;

  timeuse = 10000;
  out _ n =   10000;                        //3400000;
  read (INIO _ fd, current _ INIO, sizeof current _ INIO);
                                            //读输入设备信息并保存在数组中
//10 us
ioctl ( OUTIO _ fd, LOW, DIS);              //超声波传感器控制线为 0  对应引脚 8
usleep (10);                                //休眠 10ms
ioctl ( OUTIO _ fd, HIGHT, DIS);            //超声波传感器控制线为 1  对应引脚 8
usleep (10);                                //休眠 10ms
ioctl ( OUTIO _ fd, LOW, DIS);              //超声波传感器控制线为 0  对应引脚 8
//同时满足 out _ n 大于 0 和 current _ INIO 数组第七位为 0 时，重读摄入设备信息
while ( (out _ n > 0) && (current _ INIO [7]! ='1'))
{
  out _ n- - ;
  read (INIO _ fd, current _ INIO, sizeof current _ INIO);
}
if ( out _ n > 0 )
{
  out _ n = 2 * 1000; //10000000;
  gettimeofday ( &start, NULL ); //start 记录时间开始值
//同时满足 out _ n 大于 0 和 current _ INIO 数组第七位为 1 时，重读摄入设备信息
  while ( ( (out _ n- - ) > 0) && (current _ INIO [7] =='1'))
   {
     read (INIO _ fd, current _ INIO, sizeof current _ INIO);
   }
  gettimeofday ( &end, NULL ); //end 记录时间开始值
//计算时间 . tv _ usec 为μs
     timeuse = 1000000 * ( end. tv _ sec - start. tv _ sec ) + end. tv _ usec -
start. tv _ usec;
    timeuse = 0. 17 * timeuse;
  }
  if ( timeuse > 5)
  return ( timeuse);
```

```
    else
    return 4000;
  }
  //初始化函数
  void system _ init ()
  {
    openINIO (); //调用输入设备函数
    openOUTIO (); //调用输出设备函数
  }
  //主函数
  int main (int argc, char * * argv)
  {
    int dis = 0;
    system _ init ();                              //初始化
    while (1)
     {
      dis = get _ dis ();                           //调用测距函数并赋值给 dis
      printf ("Distance is %dmm \n", dis);          //终端打印测距结果
      sleep (1);
    }
  }
```

任务二　倒车雷达

```
  /* ====================================================
  任务二：倒车雷达
  程序名：distance2.c
  功　能：倒车提示
  ==================================================== */
  #include<stdio.h>
  #include<termios.h>
  #include<unistd.h>
  #include<stdlib.h>
  #include<sys/time.h>
  #include<fcntl.h>
  #include<string.h>
  #include<pthread.h>
  #define PWM _ IOCTL _ SET _ FREQ 1
  #define PWM _ IOCTL _ STOP 0

  #define DIS4
  #define LOW 0                           //低电平
```

```
#define HIGHT 1                                    //高电平
int PWM_fd;
int OUTIO_fd;
int INIO_fd;
void openINIO (void);                              //打开输入设备文件
void openOUTIO (void);                             //打开输出设备文件
void open_pwm (void);                              //打开蜂鸣器驱动设备
void back ();                                      //后退函数
void stop () //停止函数
//打开输入设备函数
void open_INIO (void)
{
    INIO_fd = open ("/dev/inio", 0);
    if (INIO_fd< 0)
     {
        perror ("open device inio");
        exit (1);
     }
}
//打开输出设备函数
void openOUTIO (void)
{
    OUTIO_fd = open ("/dev/outio", 0);             //O_RDONLY 定义为 0
    if (OUTIO_fd< 0)
     {
        perror ("open device outio");              //打开失败返回报错信息
        exit (1);
     }
}
//打开蜂鸣器设备函数
void open_pwm (void) //打开脉宽调制函数
{
    PWM_fd = open ("/dev/pwm", 0);                 //打开 pwm 设备驱动文件
    if (PWM_fd< 0)
     {
        perror ("open device pwm");
        exit (1);                                  //打开错误，则终止进程。退出参数为 1
     }
    atexit (close_pwm);                            //退出回调 close_buzzer
    return;
}
```

```
void back ()                        //后退函数
{
    ioctl (OUTIO _ fd, 1, 0);       //左电机控制线 1 为 1
    ioctl (OUTIO _ fd, 0, 1);       //左电机控制线 2 为 0
    ioctl (OUTIO _ fd, 0, 2);       //右电机控制线 1 为 0
    ioctl (OUTIO _ fd, 1, 3);       //右电机控制线 2 为 1
}

void stop ()
{
    ioctl (OUTIO _ fd, 0, 0);       //左电机控制线 1 为 0
    ioctl (OUTIO _ fd, 0, 1);       //左电机控制线 2 为 0
    ioctl (OUTIO _ fd, 0, 2);       //右电机控制线 1 为 0
    ioctl (OUTIO _ fd, 0, 3);       //右电机控制线 2 为 0
}
//初始化函数
void system _ init ()
{
  open _ pwm ();                    //打开脉宽函数
  Open _ INIO ();                   //打开输入设备函数
  Open _ OUTIO ();                  //打开输出设备函数
}
//测距函数
int get _ dis (void)
{
  long int out _ n, out _ n2;
  char current _ INIO [8];          //传感器设备信息数组
  struct timeval start, end;        //定义事件开始、结束结构体
  int timeuse;
  timeuse = 10000;
  out _ n = 10000;                  //3400000;
//读输入设备信息并保存在数组中
read (INIO _ fd, current _ INIO, sizeof current _ INIO);
//10 us
ioctl ( OUTIO _ fd, LOW, DIS);      //超声波传感器控制线为 0，对应引脚 8
usleep (10);                        //休眠 10ms
ioctl ( OUTIO _ fd, HIGHT, DIS);    //超声波传感器控制线为 1，对应引脚 8
usleep (10);                        //休眠 10ms
ioctl ( OUTIO _ fd, LOW, DIS);      //超声波传感器控制线为 0，对应引脚 8
//同时满足 out _ n 大于 0 和 current _ INIO 数组第七位为 0 时，重读摄入设备信息
while ( (out _ n> 0) && (current _ INIO [7]! ='1'))
```

```
{
  out _ n - - ;
  read (INIO _ fd, current _ INIO, sizeof current _ INIO);
}
if ( out _ n> 0 )
{
  out _ n = 2 * 1000;                                //10000000;
  gettimeofday ( &start, NULL );                     //start 记录时间开始值
//同时满足 out _ n 大于 0 和 current _ INIO 数组第七位为 1 时，重读摄入设备信息
  while ( ( (out _ n - - ) > 0) && (current _ INIO [7] == '1'))
   {
    read (INIO _ fd, current _ INIO, sizeof current _ INIO);
   }
  gettimeofday ( &end, NULL );                       //end 记录时间开始值
//计算时间 . tv _ usec 为μs
  timeuse = 1000000 * ( end. tv _ sec - start. tv _ sec ) + end. tv _ usec -
  start. tv _ usec;
  timeuse = 0. 17 * timeuse;
}
if ( timeuse> 5)
return ( timeuse);
else
return2000;
}
//获得当前距离函数
void get _ now _ dis (void)
{
  while (1)
    {
    dis _ now = get _ dis ();
    printf ("Distance is %dmm \n", dis _ now);        //终端显示测量距离
    usleep (100000);
   }
}
int main (int argc, char * * argv)
{
  int dis = 0;
  system _ init ();                                  //初始化
  while (1)
   {
    back ();                                         //调用后退函数
```

```
    dis = get_dis ();                                    //获取测距距离，赋值给变量dis
    if (dis < 1000)
    printf ("Distance is %dmm \n", dis);                 //终端打印距离
    if (dis >= 201) //距离大于等于 20cm
      {
       ioctl (PWM_fd, PWM_IOCTL_STOP);                   //蜂鸣器停止报警
      }
    if (dis <= 200 && dis >= 130) //距离小于 20cm 并大于 13cm
      {
       ioctl (PWM_fd, PWM_IOCTL_SET_FREQ, 2000); //蜂鸣器 2000 频率报警
       printf ("Freq is 2000 and sleep 1 second \n"); //终端显示
       sleep (1);                                        //休眠 1s
       ioctl (PWM_fd, 0);                                //蜂鸣器停止
      }
      if (dis <=129 && dis >= 80) //距离小于 13cm 并大于 8cm
      {
       ioctl (PWM_fd, PWM_IOCTL_SET_FREQ, 1500); //蜂鸣器 1500 频率报警
       printf ("Freq is 1000 and sleep 2 second \n"); //终端显示
       sleep (2);                                        //休眠 2s
       ioctl (PWM_fd, 0);                                //蜂鸣器停止
      }
    if (dis <= 79)                                       //距离小于 8cm
      {
       ioctl (PWM_fd, PWM_IOCTL_SET_FREQ, 1000); //蜂鸣器 1000 频率报警
       printf ("Freq is 1500 and no sleep\n");           //终端显示
       stop ();                                          //调用停止函数
      }
      sleep (1);
      }
}
```

8.4.5　交叉编译并下载调试

首先进入测试程序源代码目录。

```
#cd/home/distance
```

然后，使用命令行进行手工交叉编译示例程序。

```
#arm-linux-gcc-odistance1 distance1.c
```

或者借助编译脚本进行编译。

```
#make
```

最后将生成 distance 1 和 distance 2 可执行文件，使用 file 命令可以检查生成的 distance1 可执行文件是否为能在开发板上正常运行的 ARM 体系和格式版本的可执行

文件。

```
[root@ lesson_1] #file distance1
distance1: ELF 32 - bit LSB executable, ARM, version1 (SYSV), dynamically linked
(uses shared libs), for GUN/Linux2.8.14, not stripped
```

将编译好的驱动文件和测试文件下载到目标板，主要有 3 种方式。

① 复制到介质（如 U 盘）；

② 通过串口传送文件到开发板；

③ 通过 NFS（网络文件系统）直接运行（推荐使用）。

请先按照项目 2 搭建好超级终端和 NFS，然后在命令行输入以下命令（假定服务器的 IP 地址为 192.168.1.123）。

```
#mount - o nolock 192.168.1.123: /home/mnt
```

挂载成功，就可以进入/mnt 目录进行操作了，在的 PC Linux 终端把distance＊放到/home 目录，然后在开发板的串口终端执行。（注意 distance＊中“＊”是通配符所有文件的意思，其中包括 distance1 和 distance2 两个文件）

```
#cp /mnt/distanc* /home
#cd /home
#chmod a + x distanc *
#./distanc1
```

在超级终端上运行 distance1 前先查询 distance1 和 distance2 文件的执行权限，用 chmod 命令改变文件权限，然后终端运行 distance1 文件，可看到距离测量到的返回值。将 distance1 和 distance2 文件写入开机运行程序脚本中使其在开机时自动运行。用 vi 编辑器打开开机运行脚本/etc/rSc。

```
#vi /etc/rSc
```

在脚本末尾写入：

```
#cd /home
#./distance1
```

终端执行结果如图 8-11 所示。

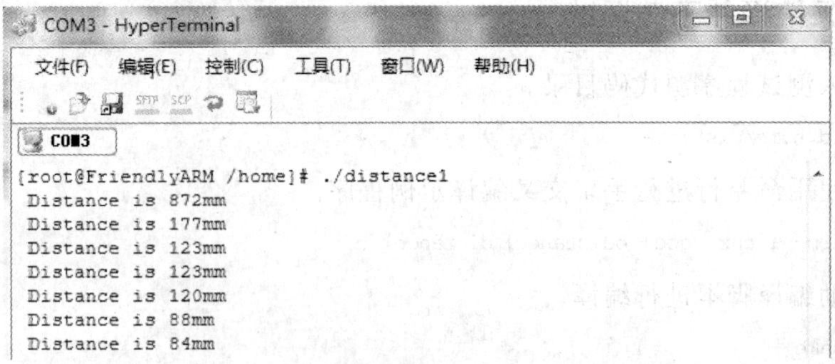

图 8-11　终端超声波测距执行结果图

终端执行结果如图 8 - 12 所示。

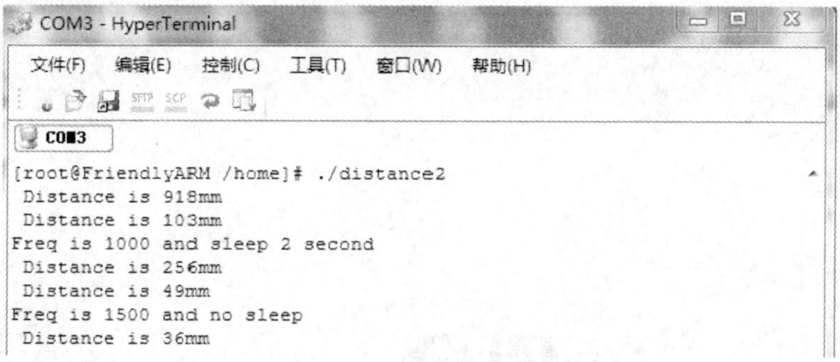

图 8 - 12　智能小车倒车雷达终端执行结果图

8.5　任务练习

8.5.1　实现智能小车超声波避障巡航

要求：智能小车上电后直行，超声波传感器判断前方是否有障碍物，如果有障碍物智能小车直行左转弯，转弯后继续直行。

8.5.2　实现智能小车超声波跟踪巡航

要求：智能小车上电后使用超声波定位跟踪目标，实现对跟踪目标进行实时跟踪。可以设置小车的跟踪距离和跟踪速度等参数。

项目9 车载温度计设计

9.1 项目描述

本功能模块的主要内容是：运用 2440 开发板的 GPIO 接口编程，通过对单总线 DS-18B20 发送指令采集温度返回值，并根据温度转换公式，设定温度上限，超过温度上限报警提示并打开通风系统为智能小车降温。

9.2 教学目标

通过学习与实践，掌握如下知识和技能。掌握 2440 开发板的 GPIO 接口的扩展使用；了解 DS-18B20 温度传感器的基本工作原理；熟悉 DS-18B20 温度传感器的控制时序；掌握 DS-18B20 其温度采集及转换的函数程序编写；掌握开发板程序烧写步骤；掌握开机自动运行脚本的内容修改。

9.3 必备知识

9.3.1 DS-18B20 温度传感器介绍

DS-18B20 数字温度传感器如图 9-1 所示，它采用美国 DALLAS 公司生产的 DS-18B20 可组网数字温度传感器芯片封装而成，具有耐磨耐碰、体积小、使用方便、封装形式多样的特点，适用于各种狭小空间设备数字测温和控制领域。三个引脚分别说明如下。

DQ引脚——数字信号输入/输出端；

GND引脚——电源地；

VDD引脚——外接供电电源输入端（在寄生电源接线方式时接地）；

温范围－55℃～＋125℃，在－10～＋85℃时精度为±0.5℃。

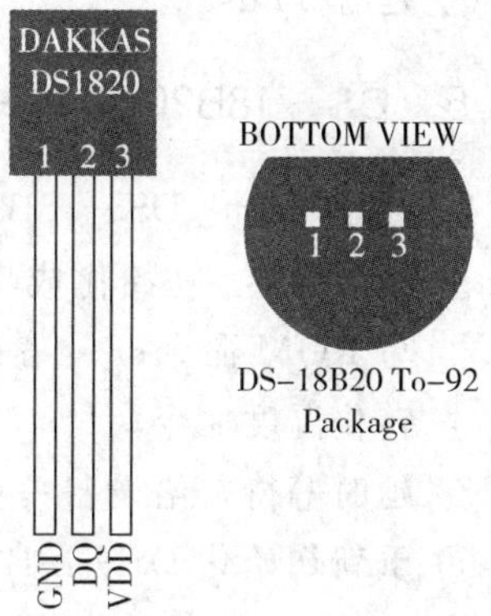

图9－1　DS－18B20实物

9.3.2　DS－18B20温度传感器初始化

① 先将数据线置高电平“1”；

② 延时（该时间要求的不是很严格，但是尽可能短一点）；

③ 数据线拉到低电平“0”；

④ 延时950 μs（该时间的时间范围可以从480 μs～960 μs）；

⑤ 数据线拉到高电平“1”；

⑥ 延时等待（如果初始化成功则在15～60ms时间之内产生一个由DS－18B20所返回的低电平“0”。据该状态可以确定它的存在，但是应注意不能无限的等待，不然会使程序进入死循环，所以要进行超时控制）；

⑦ 若CPU读到了数据线上的低电平“0”后，还要做延时，其延时的时间从发出的高电平算起（第⑤步的时间算起）最少要480 μs；

⑧ 将数据线再次拉高到高电平“1”后结束。

9.3.3　DS－18B20温度传感器写操作

① 数据线先置低电平“0”；

② 延时确定的时间为15 μs；

③ 按从低位到高位的顺序发送字节（一次只发送一位）；

④ 延时时间为45 μs；

⑤ 将数据线拉到高电平“1”；

⑥ 重复上① 到⑤ 的操作直到所有的字节全部发送完为止；

⑦ 最后将数据线拉高。

9.3.4　DS－18B20温度传感器读操作

① 将数据线拉高“1”；

② 延时2 μs；

③ 将数据线拉低“0”；

④ 延时15 μs；

⑤ 将数据线拉高“1”；

⑥ 延时15 μs；

⑦ 读数据线的状态得到1个状态位，并进行数据处理；

⑧ 延时30 μs。

9.3.5 DS-18B20读写一次温度

① 开始初始化DS-18B20，等待接受响应；

② 如果为1，初始化成功，如果为0，初始化失败；

③ 写ROM命令；

④ 转化温度命令；

⑤ 延时等待，给设备一些转换时间；

⑥ 重新初始化DS-18B20，等待接受响应；

⑦ 如果为1，初始化成功，如果为0，初始化失败；

⑧ 给ROM发送读温度命令；

⑨ 读取温度值；

⑩ 判断是否继续操作；

⑪ 结束。

9.4 任务实现

9.4.1 方案设计

采用“MCU＋传感器＋终端显示设备”的总体设计方案，要求MCU对温度传感器发送指令采集外部温度信息，将采集的温度信息存放在ROM中，同时发送指令读取ROM中温度数据，并计算转换成摄氏度，显示在超级终端上。

其中MCU采用S3C2440；传感器采用“DS-18B20温度传感器”；显示设备采用Windows超级终端。温度采集模块系统总体框如图9-2所示。

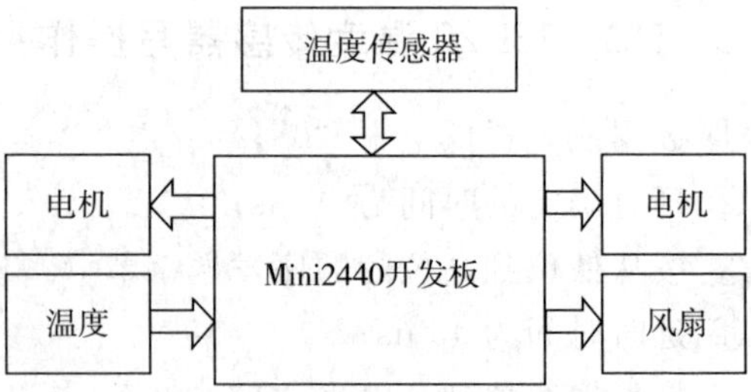

图9-2 车载温度计系统框图

温度采集模块GPIO引脚说明见表9-1所列。

表9-1 温度采集模块GPIO引脚说明

温度模块		
引脚	开发板CON4	功能说明
VCC	1引脚	5V电压
GND	3引脚	接地

（续表）

温度模块		
GPG0	16 引脚	风扇电机引脚
GPG1	17 引脚	风扇电机引脚
GPB0	31 引脚	蜂鸣器引脚
GPH10	34 引脚	温度传感器引脚

智能小车在行进过程中采集温度，通过 GPH10 口对温度传感器进行控制，因为 DS－18B20 是单线操作，所以必须精确操作时序。通过拉高 480 μs 进入请求模式，然后释放该线，DS－18B20 在检测到高电平后，延时 15～60 μs，通过拉低总线 60～240 μs产生应答脉冲，随后扫描该口来确定应答。最后再次请求、接收、应答后就可以读取温度，最后把温度值显示到终端。温度达到设定上限，开启蜂鸣器报警并通过 GPG0 使电风扇给智能小车通风降温。

9.4.2　程序设计

本项目完成的任务一是智能小车温度计驱动编写，温度驱动程序初始化 DS－18B20 温度传感器，并根据 DS－18B20 传感器读写顺序完成一次温度读取任务。任务二是智能小车无线循环调用温度驱动测量当前温度并显示，并将温度值显示在终端。本项目完成的任务三是车载温度计项目，读取温度传感器当前温度值，判断当前温度是否达到温度阈值，达到温度阈值时蜂鸣器报警提示并且打开车载风扇，为智能小车通风降温，如图 9－3 至图 9－5 所示。

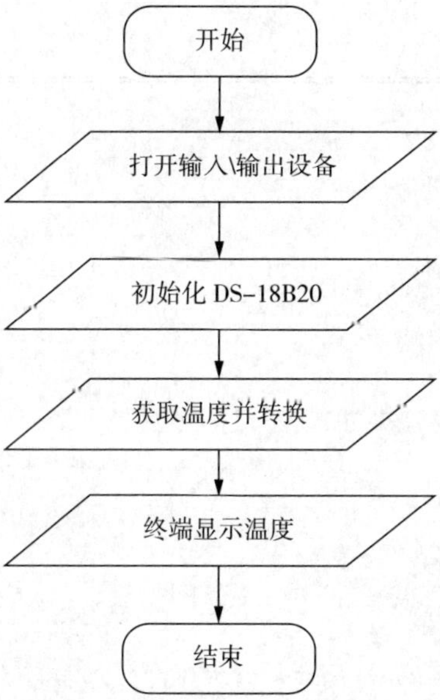

图 9－3　一次测温流程图

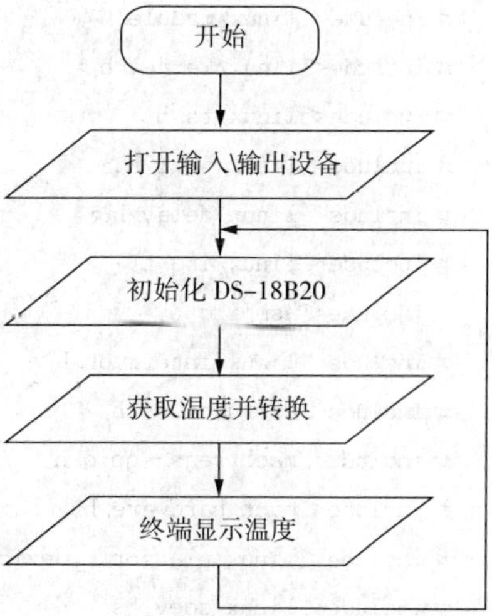

图 9－4　测温并显示流程图

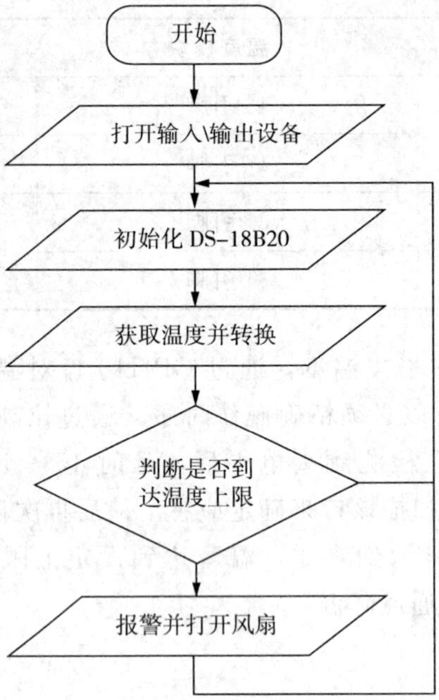

图 9-5 智能小车温控系统流程图

9.4.3 程序代码编辑、调试及运行

任务一 DS-18B20 驱动程序

```
/* ============================================================
程序名：DS-18B20.c
功  能：DS-18B20 传感器测温驱动
============================================================ */
#include<linux/module.h>
#include<linux/kernel.h>
#include<linux/fs.h>
#include<linux/init.h>
#include<linux/delay.h>
#include<linux/irq.h>
#include<asm/irq.h>
#include<linux/interrupt.h>
#include<asm/uaccess.h>
#include<mach/regs-gpio.h>
#include<mach/hardware.h>
#include<linux/platform_device.h>
#include<linux/cdev.h>
#include<linux/miscdevice.h>
#include<linux/sched.h>
```

```
#include<linux/gpio.h>
typedef unsigned char BYTE;
#define DS-18B20_PIN  S3C2410_GPH(10)
#define DS-18B20_PIN_OUTP S3C2410_GPIO_OUTPUT
#define DS-18B20_PIN_INP  S3C2410_GPIO_INPUT
#define HIGH 1
#define LOW 0
#define DEVICE_NAME" DS-18B20"
static BYTE data[2];
//DS-18B20复位函数
BYTE DS18b20_reset(void)
{
  static int k=0;
  //配置GPIOB0输出模式
  s3c2410_gpio_cfgpin(DS-18B20_PIN, DS-18B20_PIN_OUTP);
  //向18B20发送一个上升沿，并保持高电平状态约100 μs
  s3c2410_gpio_setpin(DS-18B20_PIN, HIGH);
  udelay(100);
  //向18B20发送一个下降沿，并保持低电平状态约600 μs
  s3c2410_gpio_setpin(DS-18B20_PIN, LOW);
  udelay(600);
  //向18B20发送一个上升沿，此时可释放DS-18B20总线
  s3c2410_gpio_setpin(DS-18B20_PIN, HIGH);
  udelay(100);
  //以上动作是给DS-18B20一个复位脉冲
  //通过再次配置GPIOB1引脚成输入状态，可以检测到DS-18B20是否复位成功
  s3c2410_gpio_cfgpin(DS-18B20_PIN, DS-18B20_PIN_INP);
  if(k++<10)
  //若总线在释放后总线状态为高电平，则复位失败
  if(s3c2410_gpio_getpin(DS-18B20_PIN))
   {
  //printk("DS18b20 reset failed.\r\n");
  return 1;
  }
  k = 0;
  return 0;
}
void DS18b20_write_byte(BYTE byte)
{
  BYTE i;
  //配置GPIOB1为输出模式
```

```
s3c2410_gpio_cfgpin (DS-18B20_PIN, DS-18B20_PIN_OUTP);
//写“1”时隙:
//保持总线在低电平 1～15 μs 之间
//然后再保持总线在高电平 15～60 μs 之间
//理想状态: 1 μs 的低电平然后跳变再保持 60 μs 的高电平
//
//写“0”时隙:
//保持总线在低电平 15～60 μs 之间
//然后再保持总线在高电平 1～15 μs 之间
//理想状态: 60 μs 的低电平然后跳变再保持 1 μs 的高电平
for (i = 0; i< 8; i++)
 {
  s3c2410_gpio_setpin (DS-18B20_PIN, LOW); udelay (1);
  if (byte & HIGH)
   {
    //若 byte 变量的 D0 位是 1, 则需向总线上写“1”
    //根据写“1”时隙规则, 电平在此处翻转为高
    s3c2410_gpio_setpin (DS-18B20_PIN, HIGH);
   }
  else
   {
    //若 byte 变量的 D0 位是 0, 则需向总线上写“0”
    //根据写“0”时隙规则, 电平在保持为低
    //s3c2410_gpio_setpin (DS-18B20_PIN, LOW);
   }
  //电平状态保持 60 μs
  udelay (60);
  s3c2410_gpio_setpin (DS-18B20_PIN, HIGH);
  udelay (15);
   byte>>= 1;
 }
s3c2410_gpio_setpin (DS-18B20_PIN, HIGH);
}
BYTE DS18b20_read_byte (void)
{
 BYTE i = 0;
 BYTE byte = 0;
 //读“1”时隙:
 //若总线状态保持在低电平状态 1～15 μs 之间
 //然后跳变到高电平状态且保持在 15～60 μs 之间
 //就认为从 DS-18B20 读到一个“1”信号
```

```
    //理想情况：1 μs 的低电平然后跳变再保持 60 μs 的高电平
    //
    //读“0”时隙：
    //若总线状态保持在低电平状态 15～30 μs 之间
    //然后跳变到高电平状态且保持在 15～60 μs 之间
    //就认为从 DS-18B20 读到一个" 0" 信号
    //理想情况：15 μs 的低电平然后跳变再保持 46 μs 的高电平
    for (i = 0; i< 8; i++)
     {
      s3c2410_gpio_cfgpin (DS-18B20_PIN, DS-18B20_PIN_OUTP);
      s3c2410_gpio_setpin (DS-18B20_PIN, LOW);
      udelay (1);
      byte>>= 1;
      s3c2410_gpio_setpin (DS-18B20_PIN, HIGH);
      s3c2410_gpio_cfgpin (DS-18B20_PIN, DS-18B20_PIN_INP);
      //若总线在我们设它为低电平之后若 1 μs 之内变为高
      //则认为从 DS-18B20 处收到一个" 1" 信号
      //因此把 byte 的 D9 为置" 1"
      if (s3c2410_gpio_getpin (DS-18B20_PIN)) byte |= 0x80;
      udelay (60);
     }
    return byte;
  }
  void DS18b20_proc (void)
  {
    int k = 0;
    float result = 25.2;
    while (DS18b20_reset ());
    udelay (120);
    DS18b20_write_byte (0xcc); //跳过读序号列号的操作
    DS18b20_write_byte (0x44); //启动温度转换
    udelay (5);
    while (DS18b20_reset ());
    udelay (200);
    DS18b20_write_byte (0xcc); //跳过读序号列号的操作
    DS18b20_write_byte (0xbe); //读取温度寄存器，前两个分别是温度的低位和高位
    data [0] = DS18b20_read_byte (); //先读的是温度值低位
    data [1] = DS18b20_read_byte (); //接着读的是温度值高位
  }
  static ssize_t s3c2440_18b20_read (struct file *filp, char *buf, size_t len,
loff_t *off)
```

```
{
  DS18b20_proc ();
  buf [0] = data [0];
  buf [1] = data [1];
  return 1;
}
static struct file_operations s3c2440_18b20_fops =
{
  .owner = THIS_MODULE,
  .read = s3c2440_18b20_read,
};
static struct miscdevice misc =
{
  .minor = MISC_DYNAMIC_MINOR,
  .name = DEVICE_NAME,
  .fops = &s3c2440_18b20_fops,
};
static int __init s3c2440_18b20_init (void)
{
  int ret;
  int i;
  ret = misc_register (&misc);
  printk (DEVICE_NAME" \tinitialized\n");
  return ret;
  while (DS18b20_reset ());
}
static void __exit s3c2440_18b20_exit (void)
{
misc_deregister (&misc);
}
module_init (s3c2440_18b20_init);                    //模块加载
module_exit (s3c2440_18b20_exit);
MODULE_LICENSE ("GPL");
```

任务二　智能小车测温并显示

```
/*=====================================================
程序名：18b20test1.c
功　能：智能小车测温并显示
=====================================================*/
#include<stdio.h>
#include<termios.h>
```

```
#include<unistd.h>
#include<stdlib.h>
#include<sys/time.h>
#include<fcntl.h>
int fd_18b20;                                          //温度传感器设备文件
void init_18b20 ();                                    //初始化温度
float get_Tc (void);                                   //取得当前温度值
void init_18b20 ()
{//打开DS-18B20设备
  if ( (fd_18b20 = open ("/dev/DS-18B20", O_RDWR | O_NDELAY | O_NOCTTY)) < 0)
   {
  printf (" Open Device DS-18B20 failed. \r\n");       //终端显示 打开失败
  exit (1);
  }
  else
   {
  printf (" Open Device DS-18B20 successed. \r\n");    //终端显示 打开成功
  }
}
float get_Tc (void)
{
  char buf [2];
  float result = 0;
  read (fd_18b20, buf, 2); //先读出的buf [0] 是低位 后读出的buf [1] 是高位
  //计算温度值 低位除16 加上高位乘16
  result = (float) buf [0];
  result / = 16;
  result + = ( (float) buf [1] * 16);
  printf (" result = %f\n", result);
  return result;
}
Main ()
{
  float Tc;
  init_18b20 ();                                       //初始化温度传感器
  While (1)
   {
  Tc = get_Tc (void);                                  //调用温度函数 赋值给Tc
  Printf (" Temperature Now is %.1f \n", Tc);          //终端打印温度值
  }
}
```

任务三　智能小车测温并显示

```
/* ===========================================================
程序名：18b20test1.c
功  能：智能小车测温并显示
=========================================================== */
#include<stdio.h>
#include<termios.h>
#include<unistd.h>
#include<stdlib.h>
#include<sys/time.h>
#include<fcntl.h>
int OUTIO_fd;                                   //定义输出设备文件描述符
intPWM_fd;                                      //定义蜂鸣器设备文件描述符
void fan ();                                    //风扇函数
int fd_18b20;                                   //温度传感器设备文件
void init_18b20 ();                             //初始化温度
float get_Tc (void);                            //取得当前温度值
void openpwm ()
{
  PWM_fd = open ("/dev/pwm", 0);
  if (PWM_fd < 0)
   {
    perror ("open device pwm");
    exit (1);
   }
}
void openOUTIO ()
{
  OUTIO_fd = open ("/dev/outio", 0);
  if (OUTIO_fd < 0)
   {
    perror ("open device outio");
    exit (1);
   }
}
voidfan ()
{
ioctl (OUTIO_fd, 1, 0); //16 1
ioctl (OUTIO_fd, 0, 1); //17 0
}
void init_18b20 ()
```

```
{//打开 DS - 18B20 设备
  if ( (fd _ 18b20 = open (" /dev/DS - 18B20", O _ RDWR | O _ NDELAY | O _ NOCTTY)) < 0)
  {
  printf (" Open Device DS - 18B20 failed. \ r \ n");          //终端显示 打开失败
  exit (1);
  }
  else
  {
  printf (" Open Device DS - 18B20 successed. \ r \ n");      //终端显示 打开成功
  }
}
float get _ Tc (void)
{
  char buf [2];
  float result = 0;
  read (fd _ 18b20, buf, 2); //先读出的 buf [0] 是低位 后读出的 buf [1] 是高位
  //计算温度值 低位除 16 加上高位乘 16
  result = (float) buf [0];
  result / = 16;
  result + = ( (float) buf [1] * 16);
  printf (" result = % f \ n", result);
  return result;
}
main ()
{
  float Tc;
  init _ 18b20 ();                                             //初始化温度传感器
  openpwm ();                                                  //打开输出设备
  openOUTIO ();                                                //蜂鸣器设备
  while (1)
  {
  Tc = get _ Tc (void);                                        //调用温度函数 赋值给 Tc
  printf (" Temperature Now is %.1f \ n", Tc);                 //终端打印温度值
  if (TC > = 30)
    {
    fan ();
    ioctl (PWM _ fd, 1, 2000);                                 //蜂鸣器报警
    Sleep (1);
    }
  else
    {
```

```
        ioctl (PWM_fd, 0);                                        //蜂鸣器关闭
    }
  }
}
```

9.4.4 交叉编译并下载调试

为方便程序书写和容易读写将写好的函数打包生成库文件，这样在主程序中直接使用库文件中的函数接口即可。

生成 .ko 库文件和加载库文件时，首先编写 Makefile 文件，内容如下。

```
CC = arm-linux-gcc
HOSTCC = gcc
##########################################################################
KERNELDIR ? = /linux-2.6.32.2
##########################################################################
export CC HOSTCC
obj-m := DS-18B20.o
all:
    $ (MAKE) -C $ (KERNELDIR) M=$ (PWD) modules
clean:
    rm -rf *.o *.*~ *.ko
```

然后将 makefile 文件放到 DS-18B20.c 所在的文件夹下，执行 make 命令。

```
#make
```

在当前文件夹下执行 ls 命令，可以看到 .ko 文件已经生成。

```
#ls
DS-18B20.ko Makefile DS-18B20.c  DS-18B20.o
```

最后使用串口、U 盘或 NFS 将 DS-18B20.ko 加载到开发板中，并在/dev 文件下用 insmod 加载 DS-18B20.ko 驱动。

```
#insmod /home/DS-18B20.ko
```

将编译好的驱动文件和测试文件下载到目标板，主要有 3 种方式。

① 复制到介质（如 U 盘）；

② 通过串口传送文件到开发板；

③ 通过 NFS（网络文件系统）直接运行（推荐使用）。

请先按照项目 2 搭建好超级终端和 NFS，然后在命令行输入以下命令（假定服务器的 IP 地址为 192.168.1.123）。

```
#mount -o nolock 192.168.1.123: /home/mnt
```

挂载成功，就可以进入/mnt 目录进行操作了，在 PC Linux 终端把 18b20Test 放到/home 目录，然后在开发板的串口终端执行。

```
#cp /mnt/18b20Test /home
#cd /home
#./18b20Test
```

在超级终端上运行 18b20Test，可看到温度感器测量到的返回值。将 18b20Test 写入开机运行程序脚本中使其在开机时自动运行。用 vi 编辑器打开开机运行脚本/etc/rSc。

```
#vi /etc/rSc
```

在脚本末尾写入：

```
#/dev/insmod /home/DS-18B20.ko
#cd /home
#./18b20Test
```

终端执行结果如图 9-6 所示。

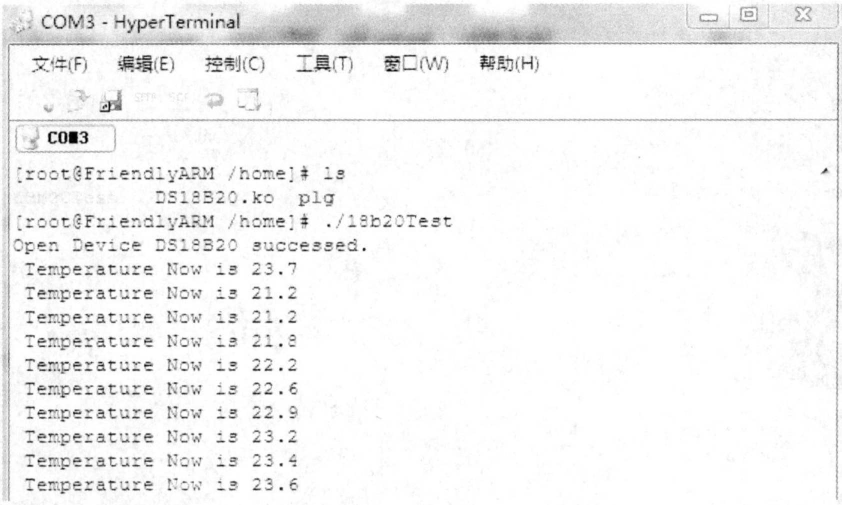

图 9-6　温度测试终端执行结果图

9.5　任务练习

9.5.1　实现智能小车温度检测

要求：将温度传感器检测环境温度作为基本的函数，调用此函数将实施温度显示到数码管上。

9.5.2　实现智能小车温度上限报警

要求：智能小车上电后自动巡航，巡航过程中实时显示环境温度，根据温度上限发出声音报警，温度上限自定义，声音报警使用蜂鸣器，报警频率为 2000Hz。

9.5.3 实现智能小车温度上限阶梯声光报警

要求：智能小车上电后自动巡航，巡航过程中实时显示环境温度，根据温度上限阶梯发出声光报警，温度阶梯上限自定义，声光报警频率随温度升高而提高，声音报警使用蜂鸣器，阶梯报警频率自定义，光报警使用发光二极管，阶梯闪烁频率自定义。

项目 10 无线遥控智能小车

10.1　项目描述

本项目的主要内容是：通过手机、平板或 PC 端登录 Mini2440 开发板默认索引网页，点击网页上、下、左、右按键，遥控智能小车前进、后退、左转、右转和停止。硬件上使用了 Mini2440 开发板的 USB 和 GPIO 接口，通过 USB 接口加载无线 Wi - Fi 模块进行数据传输，通过 GPIO 接口控制 L298 驱动模块，控制电机正反转，实现小车运动。软件上使用交叉编译器编译无线遥控小车控制驱动程序和无线遥控小车控制程序。

10.2　教学目标

通过学习与实践，掌握如下知识和技能。掌握 2440 开发板的 GPIO 接口的扩展使用；了解 USB 无线驱动加载和 Wi - Fi 配置命令；熟悉 CGI 通用网关接口；掌握 HTML 网页制作；掌握开发板程序烧写步骤，掌握开机自动运行脚本的内容修改。

10.3　必备知识

10.3.1　Wi - Fi 简介

Wi - Fi 是一种允许电子设备连接到一个无线局域网（WLAN）的技术，通常使用

2.4G UHF 或 5G SHF ISM 射频频段。连接到无线局域网通常是有密码保护的；但也可是开放的，这样就允许任何在 WLAN 范围内的设备可以连接上。Wi－Fi 是一个无线网络通信技术的品牌，由 Wi－Fi 联盟所持有。目的是改善基于 IEEE 802.11 标准的无线网路产品之间的互通性。有人把使用 IEEE 802.11 系列协议的局域网就称为无线保真。甚至把 Wi－Fi 等同于无线网际网路（Wi－Fi 是 WLAN 的重要组成部分）。

10.3.2 CGI 简介

CGI（Common Gateway Interface）是 WWW 技术中最重要的技术之一，有着不可替代的重要地位。CGI 是外部应用程序（CGI 程序）与 Web 服务器之间的接口标准，是在 CGI 程序和 Web 服务器之间传递信息的过程。CGI 规范允许 Web 服务器执行外部程序，并将它们的输出发送给 Web 浏览器，CGI 将 Web 的一组简单的静态超媒体文档变成一个完整的新的交互式媒体。

10.3.3 HTML 简介

HTML（Hyper Text MarkUp Language）超文本标记语言，通过使用标记来描述文档结构和表现形式的一种语言，由浏览器进行解析，然后把结果显示在网页上。它是网页构成的基础，所有网页都离不开 HTML，所以学习 HTML 是基础中的基础。

10.3.4 USB 无线网卡

USB 无线网卡，一种以内置无线 Wi－Fi 芯片，并通过 USB 接口传输的网卡，连接电脑 USB 接口，安装完成驱动以后，在电脑网卡列表中会出现新的无线网卡设备。通过 USB 无线网卡上网。

10.4 任务实现

10.4.1 无线网卡安装

无线网卡的选择很多，本项目使用的是 TL－Wn322G＋无线网卡，如图 10－1 所示。

图 10－1 TL－Wn322G＋无线网卡实物

2013 年之后由于内核驱动的改进，无线网卡的使用命令也有所改变，2013 年之前的 Mini2440 开发板需要添加 usb－wifi－kits－for－mini2440－linux－2.6.32.2－

20100728. tar. gz 工具包，安装工具包时需要将其解压到根目录，解压后在/lib/firmware 多了 rt730. bin 和 ar9271. fw 两个文件。开发板端使用如下命令：

```
# ifconfig eth0 down
# ifconfig wlan0 up
# iwlist scanning | grep ESSID
# iwconfig wlan0 essid" F403"
# iwconfig wlan0 keys：123456
# iwconfig wlan0 ap atuo
# ifconfig wlan0 192. 168. 1. 100
```

也可以是设置成点对点连接方式如下所示：

```
# ifconfig eth0 down
# ifconfig wlan0 down
# iwconfig wlan0 mode ad - hoc
# iwconfig wlan0 essid" F403"
# iwconfig wlan0 keys：123456
# ifconfig wlan0 192. 168. 1. 100
```

但 2013 年之后的 Mini2440 开发板都可以直接识别 USB 接口的无线网卡，使用 scan - wifi、start - wifi 和 stop - wifi 上命令操作无线网卡。连接无线网卡操作如图 10 - 2、图 10 - 3 所示。

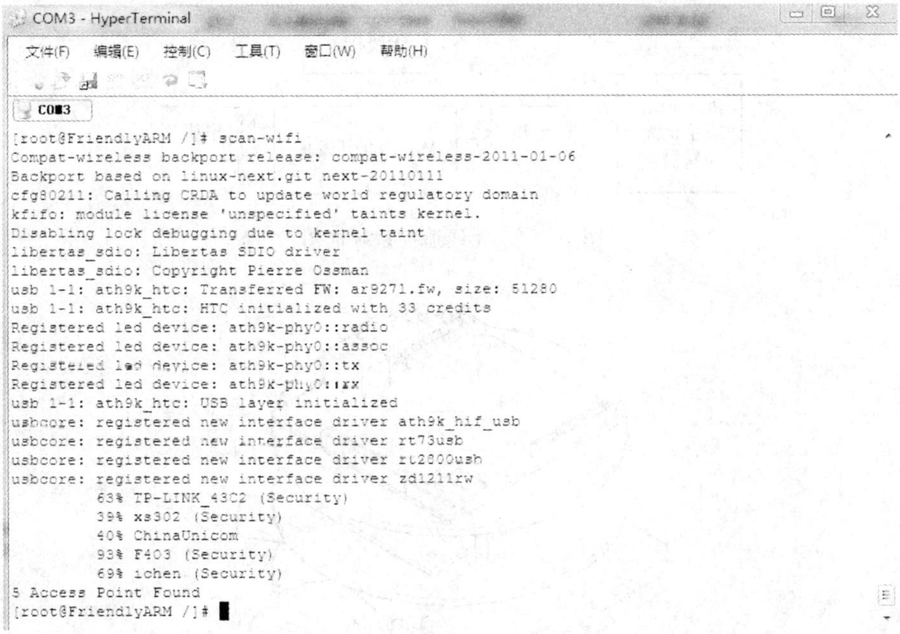

图 10 - 2　查看当前无线节点

使用如下命令连接无线网络：

```
# start - wifi wpa2 F403 123456
```

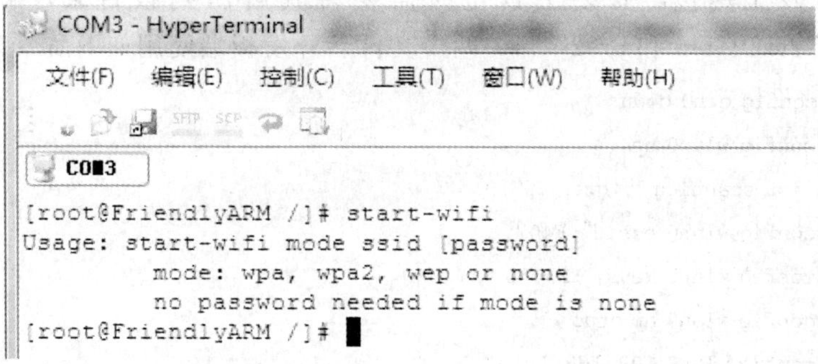

图 10-3　查看无线节点连接方式

连接上无线网络节点会在终端显示开发板 IP 地址，当然也可以自行设置 IP 地址。

10.4.2　方案设计

无线通信方式使用 USB 无线网卡实现，使用超文本标记语言设计制作服务器网页，使用 CGI 程序刷新网页页面实现动态网页效果。点击网页上按键提交控制命令，开发板判断提交的控制命令字，进行相应的消息响应，控制智能小车前进、后退、左转和右转。

无线遥控小车项目系统总体框如图 10-4 所示，无线遥控小车 CAD 实物如图 10-5所示。

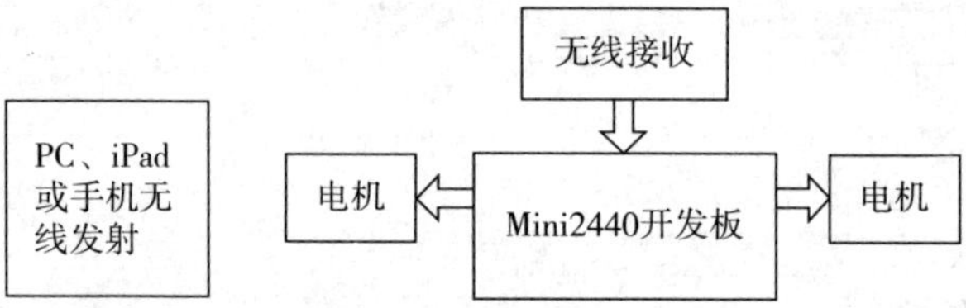

图 10-4　无线遥控系统框图

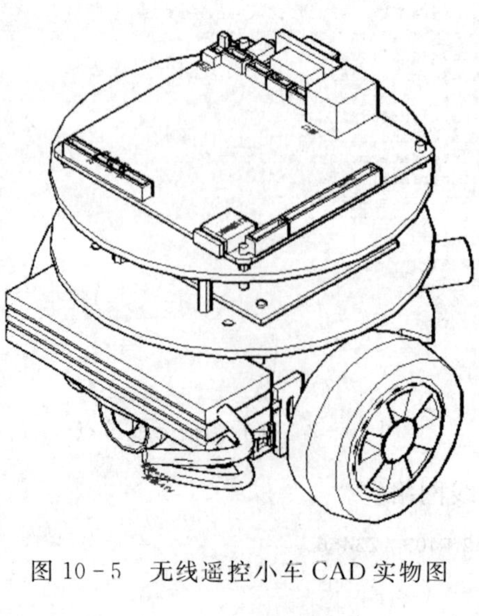

图 10-5　无线遥控小车 CAD 实物图

电机驱动模块 GPIO 引脚说明见表 10-1 所示。

表 10-1 电机驱动模块 GPIO 引脚说明

电机驱动模块		
引脚	开发板 CON4	功能说明
GPG0	16 引脚	电机 1 控制信号
GPG1	17 引脚	电机 1 控制信号
GPG10	23 引脚	电机 2 控制信号
GPG11	24 引脚	电机 2 控制信号
VCC	1 引脚	5V 电压
GND	3 引脚	接地

10.4.3 程序设计

本项目完成的是无线智能小车遥控。通过手机、平板或 PC 端登录 Mini2440 开发板默认索引网页，点击网页上、下、左、右按键，遥控智能小车前进、后退、左转、右转和停止。流程如图 10-6 所示。

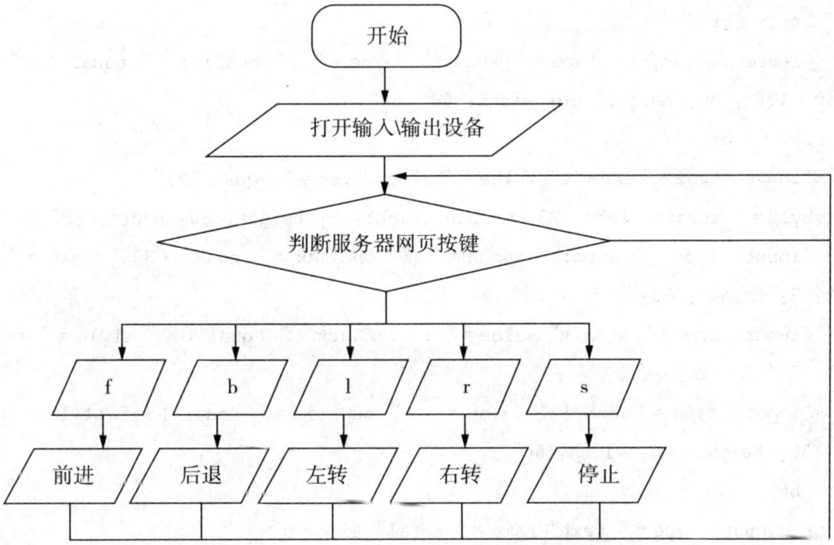

图 10-6 无线遥控小车程序流程图

10.4.4 程序代码编辑

```
/* ==================================================================
程序名：index.html
功  能：控制界面
================================================================== */
<html>
```

```
<head>
<title>wifi car</title>
<script language = " javascript" >
 function equal (e)
   {
   switch (e) {
     case 1: total  = 1; break;
     case 2: total  = 2; break;
     case 3: total  = 3; break;
     case 4: total  = 4; break;
     case 5: total  = 4; break;
   }
   form1. total. value  =  total;
  }
</script>
</head>
<body>
<form name = " form1" action = " /cgi - bin/car. cgi" >
<br><br>
<center><input  type = " submit" value = " f" onClick = " equal (1)" style = "
margin - left: 30; height: 60; width: 60" >
<br><br>
<input  type = " submit" value = " l" onClick = " equal (2)"
style = " margin - left: 23; margin - right: 7; height: 60; width: 60" >
<input  type = " submit" value = " s" onClick = " equal (3)" style = " margin -
right: 7; height: 60; width: 60" >
<input  type = " submit" value = " r" onClick = " equal (4)" style = " height: 60;
width: 60" ><br><br>
<input  type = " submit" value = " b" onClick = " equal (5)" style = " margin -
left: 30; height: 60; width: 60" >
<br>
ok<input  type = " text" name = " total" size = 5>
</center>
</form>
</body>
</html>
/ * ===================================================
程序名: car. cgi
功  能: 网页刷新及驱动控制
=================================================== * /
# include <stdio. h>
```

```
#include <stdlib.h>
#include <termios.h>
#include <unistd.h>
#include <stdlib.h>
#include <sys/time.h>
#include <fcntl.h>
#include<string.h>
#include <sys/ioctl.h>
int OUTIO_fd;
forward ()                                    //前进函数
{
  ioctl (OUTIO_fd, 1, 0);
  ioctl (OUTIO_fd, 0, 1);
  ioctl (OUTIO_fd, 1, 2);
  ioctl (OUTIO_fd, 0, 3);
}
back ()                                       //后退函数
{
  ioctl (OUTIO_fd, 0, 0);
  ioctl (OUTIO_fd, 1, 1);
  ioctl (OUTIO_fd, 0, 2);
  ioctl (OUTIO_fd, 1, 3);
}
left ()                                       //左转函数
{
  ioctl (OUTIO_fd, 0, 0);
  ioctl (OUTIO_fd, 1, 1);
  ioctl (OUTIO_fd, 1, 2);
  ioctl (OUTIO_fd, 0, 3);
}
right ()                                      //右转函数
{
  ioctl (OUTIO_fd, 1, 0);
  ioctl (OUTIO_fd, 0, 1);
  ioctl (OUTIO_fd, 0, 2);
  ioctl (OUTIO_fd, 1, 3);
}
stop ()                                       //停止函数
{
  ioctl (OUTIO_fd, 0, 0);
  ioctl (OUTIO_fd, 0, 1);
```

```
    ioctl (OUTIO _ fd, 0, 2);
      ioctl (OUTIO _ fd, 0, 3);
    }
    int main (void)                                    //主函数
    {
      char * data;
      int ch;
      OUTIO _ fd = open ("/dev/outio", 0);       //打开输出设备驱动
      long m;
      printf ("Content - Type: text/html; charset = utf - 8 \ n \ n");
      printf ("<html> \ n");                        //打印网页
      printf ("<head> \ n<title>car cgi</title> \ n</head> \ n");
      printf ("<body> \ n");
      data = getenv ("QUERY _ STRING");
      sscanf (data," total = % ld", &m);
      printf ("<P> % ld", m);
      printf ("</p>");
      printf ("</body> \ n");
      switch (m)                                       //判断网页按键消息相应
       {
      case 1: {forward ();} break;
      case 2: {left ();} break;
      case 3: {stop ();} break;
      case 4: {right ();} break;
      case 5: {back ();} break;
      }
      char a = ' "';
    printf ("<script type = text/javascript>location. href = % c /index. html % c; </
script> \ n", a, a);
      printf ("</html> \ n");
      return 0;
      }
    }
```

10.4.5 交叉编译并下载调试

使用命令行进行手工交叉编译示例程序。

```
#arm - linux - gcc - owifi _ car. cgi wifi _ car. c
```

最后将生成 wifi _ car. cgi 可执行文件，如图 10 - 7 所示。

使用 file 命令可以检查生成的 wifi _ car. cgi 可执行文件是否为能在开发板上正常运行的 ARM 体系和格式版本的可执行文件。

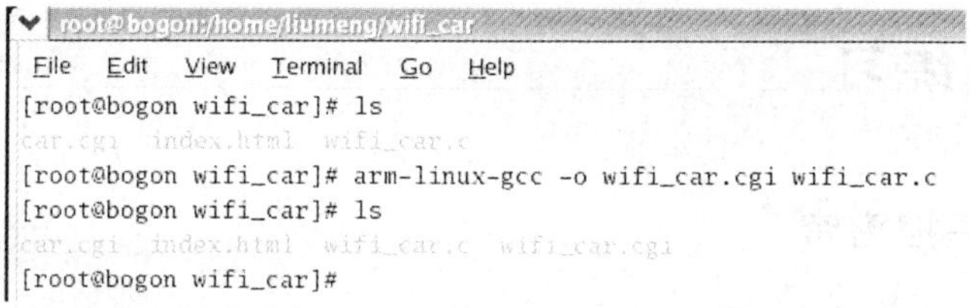

图 10 - 7 cgi 程序编译界面

```
[root@ lesson _ 1] #file wifi _ car.cgi
wifi _ car: ELF 32 - bit LSB executable, ARM, version1 (SYSV), dynamically linked
(uses shared libs), for GUN/Linux2.6.14, not stripped
```

将编译好的驱动文件和测试文件下载到目标板，主要有 3 种方式。

① 复制到介质（如 U 盘）；

② 通过串口传送文件到开发板；

③ 通过 NFS（网络文件系统）直接运行（推荐使用）。

请先按照项目 2 搭建好超级终端和 NFS，然后在命令行输入以下命令（假定服务器的 IP 地址为 192.168.1.123）。

```
#mount - o nolock 192.168.1.123: /home/mnt
```

挂载成功后，在虚拟机的 Linux 终端把 outio.ko、wifi _ car.cgi 和 index.html 放到/home 目录，然后在开发板的超级终端的/mnt 文件下就能看到上述文件。可以在/mnt 文件下直接加载输出驱动和运行测试文件。但因为/mnt 为临时挂载文件，为了更好地保存输出和测试文件，最好将这几个文件保存到开发板下的文件中。其中输出驱动 outio.ko 的保存及加载同项目 6。index.html 文件拷贝到开发板的/www 文件下并替换之前的 index.html 文件，wifi _ car.cgi 文件拷贝到/www/cgi－bin/文件下。超级终端输入以下命令。

```
#cp /mnt/index.html /www
#cp /mnt/wifi _ car.cgi /www/cgi - bin/
```

无线小车探测界面如图 10 - 8 所示。

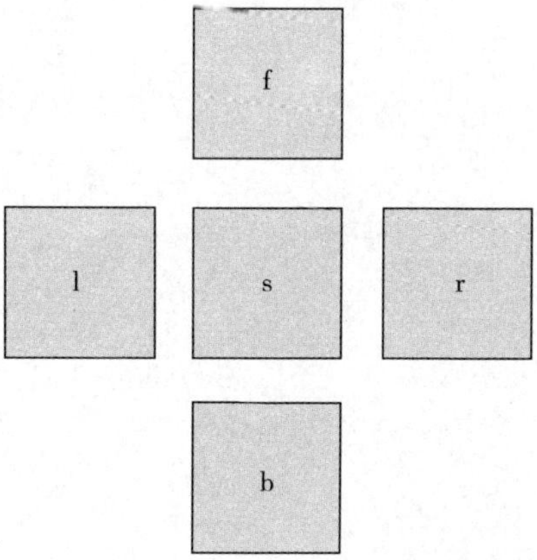

图 10 - 8 无线小车控制界面

10.5 任务练习

10.5.1 无线遥控窗帘

要求：通过手机、平板或 PC 端登录 Mini2440 开发板默认索引网页，点击网页按键，遥控窗帘上升和下降，窗帘安装有上下行触碰开关，当窗帘上行和下行触碰到开关后能停止窗帘上下行。

10.5.2 无线遥控智能家居

要求：通过手机、平板或 PC 端登录 Mini2440 开发板默认索引网页，点击网页按键，遥控卧室、客厅和洗手间灯，设置脉宽频率控制房间灯明亮度。

附录 A　C 语言概要归纳

1. 条件控制语句

C 语言中提供 if 语句和 switch 语句选择结构，if 语句用于两者选一的情况，而 switch 语句用于多分支选一的情形。

1.1　if 语句

1.1.1　if 语句的两种基本形式

首先通过实例了解选择结构的意义及设计方法。

例 1：输入三个数，找出并打印其最小数。

分析：设三个数为 A、B、C，由键盘读入，用一个变量 MIN 来标识最小数，A、B、C 与 MIN 皆定义为 int 型变量。每次比较两个数，首先比较 A 和 B，将小的一个赋给 MIN，再把第三个数 C 与 MIN 比较，再将小的一个赋给 MIN，则最后 MIN 即为 A、B、C 中最小数。算法如下。

① 输入 A、B、C；

② 将 A 与 B 中小的一个赋给 MIN；

③ 将 MIN 与 C 中小的一个赋给 MIN；

④ 输出 MIN。

将第② 步细化为：若 $A<B$，则 $MIN=A$，否则：$MIN=B$；其流程如图 1 所示。

将第③ 步细化为：若 $C<MIN$，则 $MIN=C$；其流程如图 2 所示。

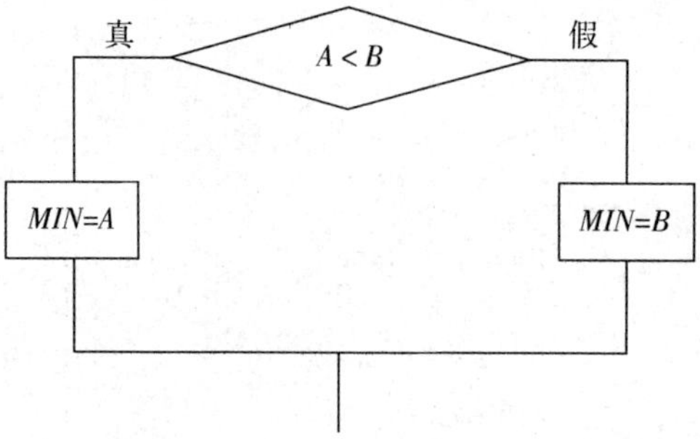

图 1　例 1 中第② 步流程图

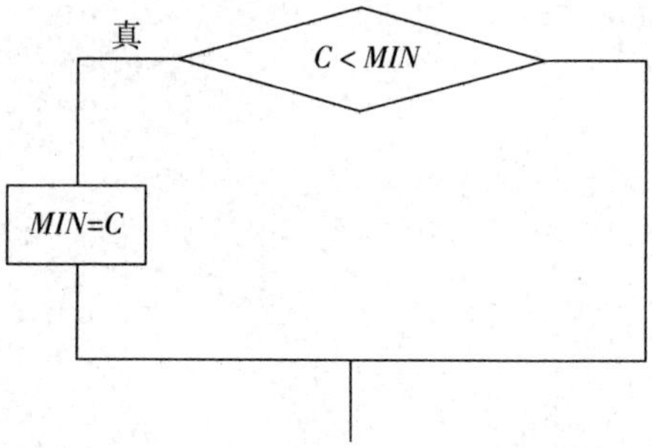

图 2　例 1 中第③ 步流程图

对应图 1 和图 2，正是 if 语句的两种基本形式。与图 2 对应的 if 语句的格式为：

```
if<表达式>语句
```

当表达式为真时，执行语句，表达式为假时跳过语句。

与图 1 对应的 if 语句的格式为：

```
if<表达式>
语句 1
else
语句 2
```

当表达式为真时执行语句 1，表达式为假时执行语句 2。无论如何，语句 1 与语句 2每次只能有一个被执行。

要注意的是：if 或 if…else，包括后面要讲到的嵌套 if，即 if…elseif…被看成是一条语句，即使其中的语句是包含多条语句的复合语句，仍然如此。

下面是例 1 的源程序。

```
main ()
{
  inta, b, c, min;
  printf (" inputa, b, c:");
  scanf (" %d%d%d", &a, &b, &c);
  if (a<b)
    min = a;
  else
    min = b;
  if (c<min)
    min = c;
  printf ("Theresultis %d\n", min);
}
```

执行情况如下。

```
RUN
Inputa, b, c: 3 5 2
Theresultis: 2
```

书写程序时要注意缩排问题，所谓缩排，就是下一行与上一行相比，行首向右缩进若干字符，如上例的 min＝a、min＝b 等。适当的缩排能使程序的结构层次清晰、一目了然，增加程序的易读性。应该从一开始就养成一个比较好的书写习惯，包括必要的注释、适当的空行，以及缩排。

1.1.2　复合语句

if 语句中，有时需要执行的语句不止一条，这就要用到复合语句。

所谓复合语句，就是用一对花括号括起来的一条或多条语句，形式如下。

```
{
  语句 1;
  语句 2;
  ……
  语句 n;
}
```

无论包括多少条语句，复合语句从逻辑上讲，被看成是一条语句。

复合语句在分支结构、循环结构中，使用十分广泛。

例 2：读入两个数 x、y，将大数存入 x，小数存入 y。

分析：x、y 从键盘读入，若 $x \geqslant y$，只需顺序打出，否则，应将 x、y 中的数进行交换，然后输出。两数交换必须使用一个中间变量 t，定义三个浮点数 x、y、t。算法如下。

① 读入 x、y；

② 大数存入 x，小数存入 y；

③ 输出 x、y。

第② 步求精：若 $x<y$，则交换 x 与 y。

再求精，x 与 y 交换。

$t=x$

$x=y$

$y=t$

算法的流程如图 3 所示，程序如下。

```
#include<stdio.h>
main ()
{
  floatx, y, t;
  t = x;
  x = y;
  y = t;
  printf (" inputx, y:");
  scanf (" %f%f", &x, &y);
  if (x<y)
```

```
    {
    printf ("result: %7.3f\t%7.3f\n", x, y);
    }
  }
```

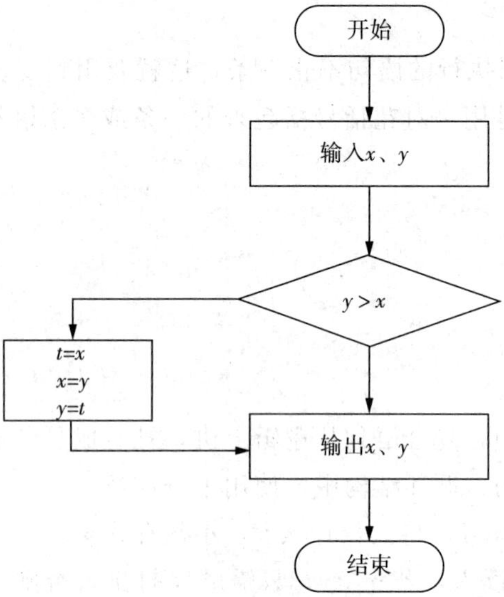

图 3　例 2 算法流程图

执行结果如下。

```
inputx, y: 43.256.7
result: 56.70043.200
```

1.1.3　if…elseif 语句

实际应用中常常面对更多的选择，这时，将 if…else 扩展一下，就得到 if…elseif 结构，其一般形式如下。

```
if<表达式 1>
语句 1
elseif<表达式 2>
语句 2
elseif<表达式 3>
语句 3
else 语句 4
```

对应的流程如图 4 所示。

例 3：货物征税问题，价格在 1 万元以上的征 5%，5000 元以上 1 万元以下的征 3%，1000 元以上 5000 以下的征 2%，1000 元以下的免税。读入货物价格，计算并输出税金。

分析：读入 price，计算 tax，这是一个较复杂的分支结构程序设计（应注意避免重复征税）。假定货物的价格在 1 万元以上，征税应分段累计，各段采用不同税率进行

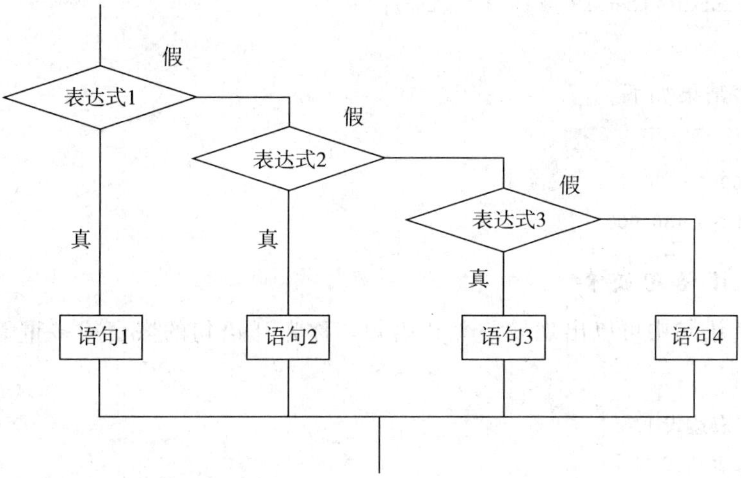

图 4　if…elseif 语句流程图

征收。

算法：若 price≥10000

则 tax=0.05×（price－10000）；price=10000；

否则，若 price≥5000

则 tax=0.03×（price－5000）＋tax；price ＝ 5000；

否则，若 price≥1000

则 tax=0.02×（price－1000）＋tax；price ＝ 1000；

程序如下。

```
#include<stdio.h>
main ()
{
  floatprice, tax=0;
  printf (" inputprice:");
  scanf (" %f", &price);
  if (price>=10000.0)
   {
    tax=0.05* (price-10000) +tax; price=10000;
   }
  if (price>=5000.0)
   {
    tax=0.03* (price-5000) +tax; price=5000;
   }
  if (price>=1000.00)
   {
    tax=0.02* (price-1000) +tax;
   }
```

```
    printf ("thetax = %10.3f", tax);
  }
```

运行程序结果如下。

```
RUN
15000
thetax = 480.000
```

1.1.4 if 语句嵌套

在一个 if 语句中可以出现另一个 if 语句，称为 if 语句的嵌套或多重 if 语句。格式如下。

```
if<表达式 1>
if<表达式 11>
…
else
语句 2;
```

例 4：计算函数

$$y=\begin{cases}1 & x>0\\ \cdots\cdots\cdots\cdots & \\ 0 & x=0\\ \cdots\cdots\cdots\cdots & \\ -1 & x<0\end{cases}$$

流程如图 5 所示。

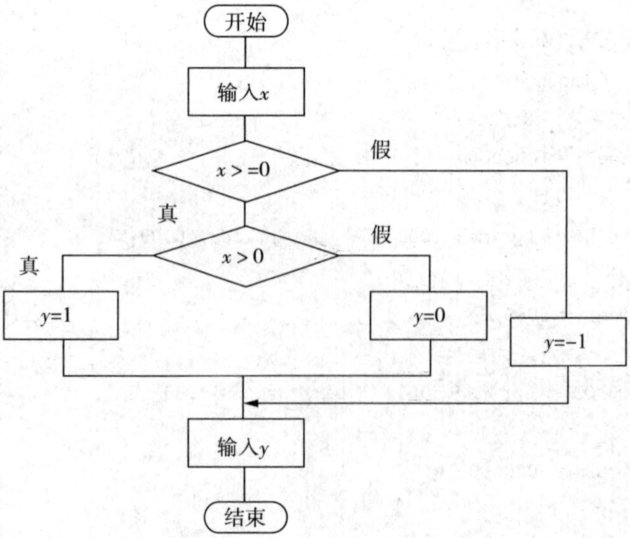

图 5　流程图

源程序如下。

```
main ()
{
  floatx, y;
  printf (" inputx, y:");
  scanf (" %f", &x);
  if (x> = 0)
    if (x>0)
      y = 1;
    else
      y = 0;
    else
      y = -1;
  printf (" y = %4.0f \ n", y);
}
```

对多重 if，最容易犯的错误是 if 与 else 配对错误，例如，写成如下形式。

```
y = 0;
if (x> = 0)
if (x>0)
y = 1;
else
y = -1;
```

从缩排上可以看出，设计者希望 else 是与 if x≥0 配对，但是 C 语言规定 else 总是与离它最近的上一个 if 配对，结果上述算法的流程变成如图 6 所示，完全违背了设计者的初衷，是错误的算法。

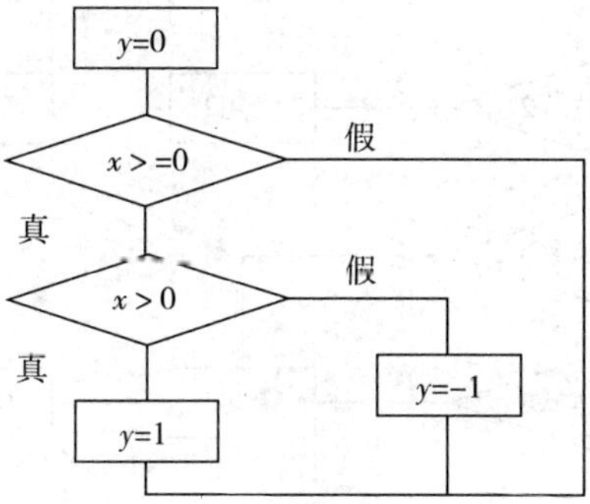

图 6　错误的算法流程图

改进的办法是使用复合语句，将上述程序段改写如下。

```
y = 0;
if (x> = 0)
{
```

```
  if (x>0)
  y=1;
}
else
y=-1;
```

1.2 switch 语句

if 语句只能处理从两者选择之一，当要实现几种可能之一时，就要用 if…elseif 甚至多重的嵌套 if 来实现，当分支较多时，程序变得复杂冗长，可读性降低。C 语言提供了 switch 开关语句专门处理多路分支的情形，使程序变得简洁。

switch 语句的一般格式为：

```
switch<表达式>
  case 常量表达式 1: 语句序列 1;
    break;
  case 常量表达式 2: 语句序列 2;
    break;
  ……
  case 常量表达式 n: 语句 n;
    break;
  default: 语句 n+1;
```

其中，常量表达式的值必须是整型、字符型或者枚举类型，各语句序列允许有多条语句，不需要按复合语句处理，若语句序列 i 为空，则对应的 break 语句可去掉。

如图 7 所示是 switch 语句的流程图。

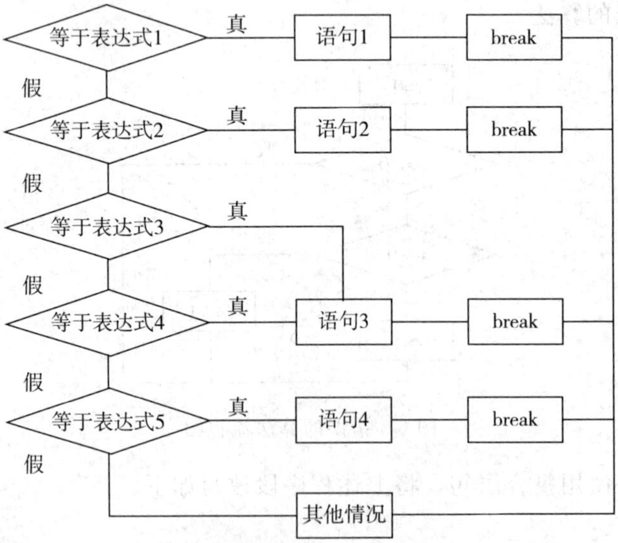

图 7　switch 语句流程图

特殊情况下，如果 switch 表达式的多个值都需要执行相同的语句，可以采用下面的格式。

```
switch (i)
{
  case1:
  case2:
  case3: 语句 1;
    break;
  case4:
  case5: 语句 2;
    break;
  default: 语句 3;
}
```

当整型变量 i 的值为 1、2 或 3 时，执行语句 1，当 i 的值为 4 或 5 时，执行语句 2，否则，执行语句 3。

例 5：输入月份，打印 1999 年某月有多少天。

程序如下。

```
#include<stdio.h>
main ()
{
  int month;
  int day;
  printf ("please input the month number:");
  scanf ("%d", &month);
  switch (month)
   {
    case 1:
    case 3:
    case 5:
    case 7:
    case 8:
    case 10:
    case 12: day=31;
      break;
    case 4:
    case 6:
    case 9:
    case 11: day=30;
      break;
    case 2: day=28;
```

```
        break;
      default: day = -1;
    }
    if day = -1
      printf ("Invalid month input ! \n");
    else
      printf ("1999. %dhas%ddays\n", month, day);
  }
```

程序应用举例如下。

例 6：解一元二次方程 $ax^2+bx+c=0$，a、b、c 由键盘输入。

分析：对系数 a、b、c 考虑以下情形。

(1) 若 $a=0$：

① $b\neq0$，则 $x=-c/b$；

② $b=0$，又有两种情形。

a. $c=0$，则 x 无定根；

b. $c\neq0$，则 x 无解。

(2) 若 $a\neq0$；

① $b^2-4ac>0$，有两个不等的实根；

② $b^2-4ac=0$，有两个相等的实根；

③ $b^2-4ac<0$，有两个共轭复根。

用嵌套的 if 语句完成。程序如下。

```
#include<math.h>
#include<stdio.h>
main ()
{
  float a, b, c, s, x1, x2;
  doublet;
  printf ("please input a, b, c:");
  scanf ("%f%f%f", &a, &b, &c);
  if (a==0.0)
    if (b!=0.0)
      printf ("the root is:%f\n", -c/b);
    elseif (c==0.0)
      printf ("x is inexactive\n");
  else
    printf ("no root ! \n");
  else
   {
    s=b*b-4*a*c;
    if (s>=0.0)
```

```
        if (s>0.0)
          {
           t = sqrt (s);
           x1 = - 0.5 * (b + t) /a;
           x2 = - 0.5 * (b - t) /a;
           printf (" There are two different roots: % fand % f, \ xn1", x2);
          }
        else
           printf (" There are two equal roots: % f \ n", - 0.5 * b/a);
    else
      {
        t = sqrt (- s);
        x1 = - 0.5 * b/a; /* 实部 */
        x2 = abs (0.5 * t/a); /* 虚部的绝对值 */
        printf (" There are two virtual roots:");
        printf (" % f + i % f \ t \ t % f - i % f \ n", x1, x2, x1, x2);
    }
      }
  }
```

运行结果如下。

```
RUN
please input a, b, c: 123
There are two virtual roots:
 - 1.000000 + i1.000000 - 1.000000 - i1.000000
RUN
pleaseinputa, b, c: 253
There are two different roots: - 1.500000and - 1.000000
RUN
please input a, b, c: 003
No root!
```

2. 循环语句

循环结构是程序中一种很重要的结构。其特点是，在给定条件成立时，反复执行某程序段，直到条件不成立为止。给定的条件称为循环条件，反复执行的程序段称为循环体。C语言提供了多种循环语句，可以组成各种不同形式的循环结构。

2.1　while 语句

while 语句分为基本 while 语句和 do…while 语句。

2.1.1 基本 While 语句

while 语句的一般形式为：

```
while (表达式)
语句;
```

其中，表达式是循环条件，语句为循环体。

while 语句的语义是：计算表达式的值，当值为真（非 0）时，执行循环体语句。while 执行过程可用图 8 表示。

例 7：统计从键盘输入一行字符的个数。

分析：本例程序中的循环条件为 getchar ()! ='\n'，其意义是，只要从键盘输入的字符不是回车就继续循环。循环体 $n++$ 完成对输入字符个数的计数，从而程序实现了对输入一行字符的字符个数计数。

流程图如图 9 所示。

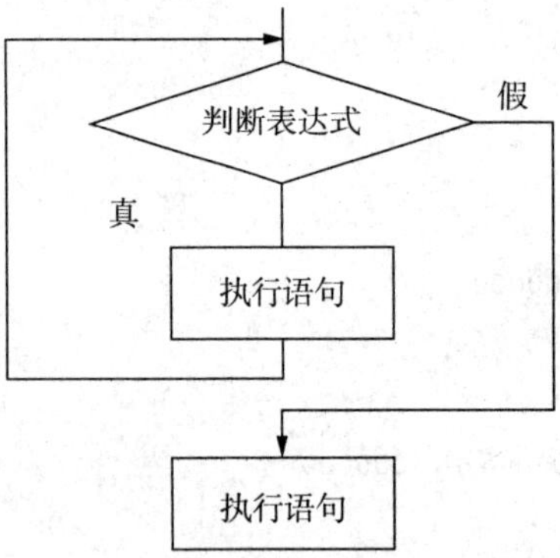

图 8 while 语句流程图

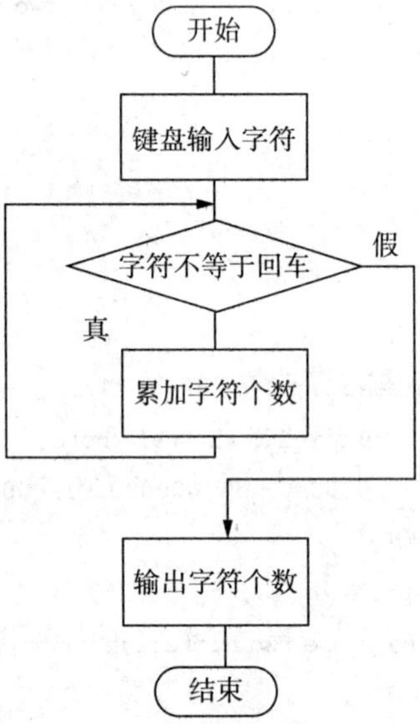

图 9 键盘输入字符个数统计程序流程图

程序如下。

```
#include <stdio.h>
void main ()
{
int n = 0;
printf (" input a string: \n");
while (getchar ()! ='\n') n++;
printf (" %d", n);
}
```

使用 while 语句应注意以下几点。

① while 语句中的表达式一般是关系表达或逻辑表达式，只要表达式的值为真(非 0)即可继续循环。

```
void main ()
{
  int a = 0, n;
  printf (" \ n input n:");
  scanf (" %d", &n);
  while (n--)
  printf (" %d", a++ * 2);
}
```

本例程序将执行 n 次循环，每执行一次，n 值减 1。循环体输出表达式“$a++*2$”的值。该表达式等效于“$a*2$；$a++$”。

② 循环体如包括有一个以上的语句，则必须用 {} 括起来，组成复合语句。

③ 应注意循环条件的选择以避免死循环。例如下面程序即形成死循环。

```
void main ()
{
  int a, n = 0;
  while (a = 5)
  printf (" %d", n++);
}
```

本例中 while 语句的循环条件为赋值表达式 a=5，因此该表达式的值永远为真，而循环体中又没有其他中止循环的手段，因此该循环将无休止地进行下去，形成死循环。

④ 允许 while 语句的循环体又是 while 语句，从而形成双重循环。

⑤ while 语句是先执行判断条件，满足在执行循环体内语句。

2.1.2　do…while 语句

do…while 语句的一般形式如下。

```
do
  语句;
while (表达式);
```

其中语句是循环体，表达式是循环条件。

do…while 语句的语义是：先执行循环体语句一次，再判别表达式的值，若为真(非 0) 则继续循环，否则终止循环。

do…while 语句和 while 语句的区别在于：do…while 是先执行后判断，因此 do…while 至少要执行一次循环体。而 while 是先判断后执行，如果条件不满足，则一次循环体语句也不执行。

do…while 流程如图 10 所示。

while 语句和 do…while 语句一般都可以相互改写。

例 8：用 do…while 语句完成从键盘输入 n 的值，输出 a 自加乘 2，判断是- - n 否为零，不为零继续循环，否则结束程序。

分析：本例程序中的循环条件为 $n! = 0$，其意义是，只要从键盘输入的变量 n 自减不等于 0，就继续循环，并输出 a 自加乘 2 的值。

流程如图 11 所示。

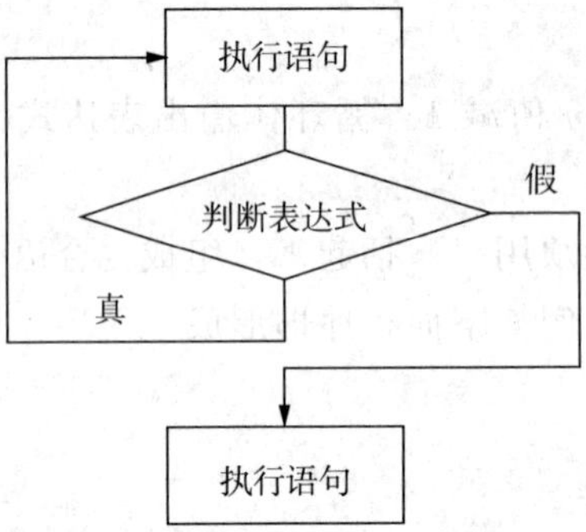

图 10 do…while 语句流程图

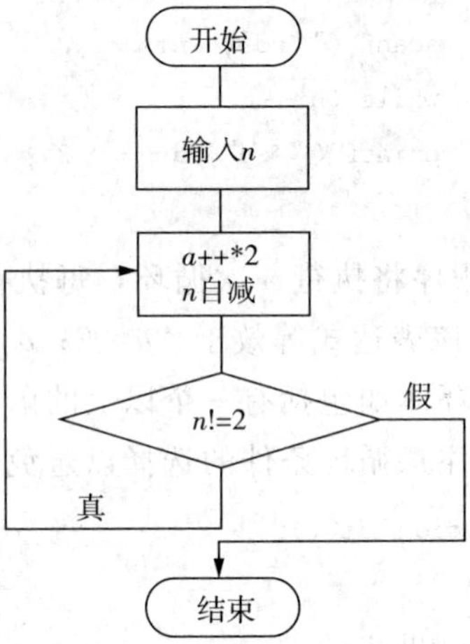

图 11 do…while 语句程序流程图

程序如下。

```
void main ()
{
  int a = 0, n;
  printf (" \ n input n:");
  scanf (" % d", &n);
  do printf (" % d", a + + * 2);
  while (- - n);
}
```

在本例中，循环条件改为- - n，否则将多执行一次循环。这是由于先执行后判断而造成的。

对于 do…while 语句还应注意以下几点。

① 在 if 语句和 while 语句中，表达式后面都不能加分号，而在 do - while 语句的表达式后面则必须加分号。

② do…while 语句也可以组成多重循环，而且也可以和 while 语句相互嵌套。

③ 在 do 和 while 之间的循环体由多个语句组成时，也必须用 {} 括起来组成一个复合语句。

④ do…while 和 while 语句相互替换时，要注意修改循环控制条件。

2.2　for 语句

for 语句是 C 语言所提供的功能更强、使用更广泛的一种循环语句。其一般形式如下。

```
for（表达式 1；表达式 2；表达 3）
  语句；
```

表达式 1：通常用来给循环变量赋初值，一般是赋值表达式。也允许在 for 语句外给循环变量赋初值，此时可以省略该表达式。

表达式 2：通常是循环条件，一般为关系表达式或逻辑表达式。

表达式 3：通常可用来修改循环变量的值，一般是赋值语句。

这三个表达式都可以是逗号表达式，即每个表达式都可由多个表达式组成。三个表达式都是任选项，都可以省略。

一般形式中的“语句”即为循环体语句。for 语句的语义如下。

① 首先计算表达式 1 的值；

② 再计算表达式 2 的值，若值为真（非 0）则执行循环体一次，否则跳出循环。

③ 然后再计算表达式 3 的值，转回第②步重复执行。在整个 for 循环过程中，表达式 1 只计算一次，表达式 2 和表达式 3 则可能计算多次。循环体可能多次执行，也可能一次都不执行。for 语句的执行过程如图 12 所示。

用 for 语句计算 $s=1+2+3+\cdots+99+100$ 的值，程序实例如下。程序流程如图 13 所示。

```
int n, s = 0;
for (n = 1; n< = 100; n+ +)
s = s + n;
printf ("s = %d\n", s);
```

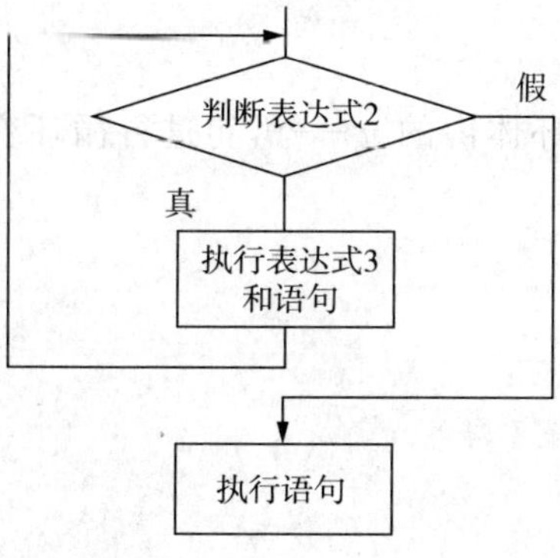

图 12　for 语句流程图

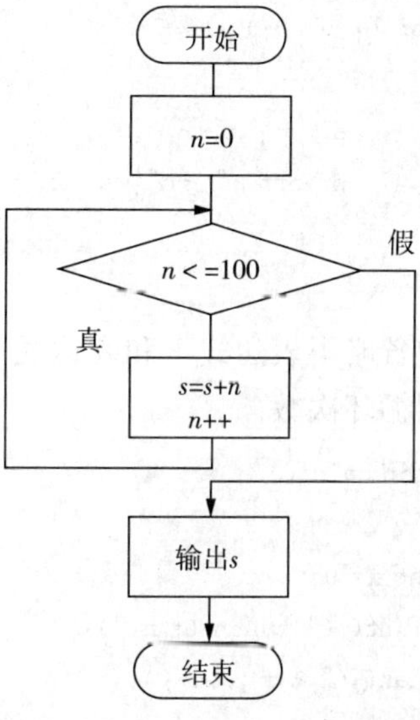

图 13　for 语句范例执行过程流程图

本例中 for 语句中的表达式 3 为 $n++$，实际上也是一种赋值语句，相当于 $n=n+1$，以改变循环变量的值。用 for 语句修改例题。从 0 开始，输出 n 个连续的偶数。

```
int a = 0, n;
printf (" \ n input n:");
scanf (" %d", &n);
for (; n>0; a+ + , n--)
printf (" %d", a * 2);
```

本例的 for 语句中，表达式 1 已省去，循环变量的初值在 for 语句之前由 scanf 语句取得，表达式 3 是一个逗号表达式，由 $a++$，$n--$两个表达式组成。每循环一次 a 自增 1，n 自减 1。a 的变化使输出的偶数递增，n 的变化控制循次数。

在使用 for 语句中要注意以下几点。

① for 语句中的各表达式都可省略，但分号间隔符不能少。例如：

```
for (; 表达式; 表达式) 省去了表达式 1;
for (表达式;; 表达式) 省去了表达式 2;
for (表达式; 表达式;) 省去了表达式 3;
for (;;) 省去了全部表达式
```

② 在循环变量已赋初值时，可省去表达式 1。

③ 若省去表达式 2 或表达式 3，则将造成无限循环，这时应在循环体内设法结束循环。下面的程序即属于此情况。

```
void main ()
{
int a = 0, n;
printf (" \ n input n:");
scanf (" %d", &n);
for (; n>0;)
    {
      a+ +; n--;
      printf (" %d", a * 2);
    }
}
```

上例中省略了表达式 1 和表达式 3，由循环体内的 $n--$语句进行循环变量 n 的递减，以控制循环次数。

```
void main ()
{
int a = 0, n;
printf (" \ n input n:");
scanf (" %d", &n);
for (;;) {
a+ +; n--;
```

```
    printf (" %d", a*2);
    if (n==0) break;
    }
}
```

上例中for语句的表达式全部省去。由循环体中的语句实现循环变量的递减和循环条件的判断。当n值为0时，由break语句中止循环，转去执行for以后的程序。在此情况下，for语句已等效于while（1）语句。如在循环体中没有相应的控制手段，则造成死循环。

循环体可以是空语句，例如：

```
#include" stdio.h"
void main ()
{
  int n=0;
  printf (" input a string: \n");
  for (; getchar ()!='\n'; n++);
    printf (" %d", n);
}
```

上例中，省去了for语句的表达式1，表达式3也不是用来修改循环变量，而是用作输入字符的计数。这样，就把本应在循环体中完成的计数放在表达式中完成了。因此循环体是空语句。应注意的是，空语句后的分号不可少，如缺少此分号，则把后面的printf语句当成循环体来执行。反过来说，如循环体不为空语句时，绝不能在表达式的括号后加分号，这样又会认为循环体是空语句而不能反复执行。这些都是编程中常见的错误，要十分注意。

for语句也可与while、do…while语句相互嵌套，构成多重循环。以下形式都是合法的嵌套，例如：

```
① for () {……
      while ()
      {…}
      …
    }
② do {
      …
      for ()
      {…}
      …
    } while ();
③ while () {
      …
      for ()
      {…}
```

```
    …
  }
④ for () {
    …
    for () {
    …
    }
}
```

3. 函数

3.1 函数的定义

一个函数包括函数头和语句体两部分。

函数头由下列三部分组成。

① 函数返回值类型

② 函数名

③ 参数表

一个完整的函数形式如下。

```
函数返回值类型 函数名（参数表）
{
  语句体;
}
```

函数返回值类型可以是某个数据类型或者是某个数据类型的指针、指向结构的指针、指向数组的指针。

函数名在程序中必须是唯一的，它也遵循标识符命名规则。

参数表可以没有也可以有多个，在函数调用的时候，实际参数将被复制到这些变量中。语句体包括局部变量的声明和可执行代码。

3.2 函数的声明和调用

为了调用一个函数，必须事先声明该函数的返回值类型和参数类型，这和使用变量的道理是一样的（有一种可以例外，就是函数的定义在调用之前）。

示例如下。

```
void a ();              /* 函数声明
main ()
{
  a ();                 /* 函数调用 */
}
void a ()               /* 函数定义 */
```

```
{
    int num;
    scanf (%d, &num);
    printf (%d\n, num);
}
```

在main（）的前面声明了一个函数，函数类型是void型，函数名为a，无参数。然后在main（）函数里面调用这个函数，该函数的作用很简单，就是输入一个整数然后再显示它。在调用函数之前声明了该函数，其实它和下面这个程序的功能是一样的。

```
main ()
{
    int num;
    scanf (%d, &num);
    printf (%d\n, num);
}
```

可以看出，实际上就是把a（）函数里面的所有内容直接搬到main（）函数里面（注意，这句话不是绝对的）。

如前所述，当定义在调用之前时，可以不声明函数。所以上面的程序和下面的程序也是等价的。

```
void a ()
{
    int num;
    scanf (%d, &num);
    printf (%d\n, num);
}
main ()
{
    a ();
}
```

因为定义在调用之前，所以可以不声明函数，这是因为编译器在编译的时候，已经发现a是一个函数名，是无返回值类型无参数的函数了。

很多人也许就会想，那何必还要声明这一步呢？只要把所有函数的定义都放在前面不就可以了吗？这种想法是不可取的，一个好的程序员总是在程序的开头声明所有用到的函数和变量，这是为了以后检查方便。

如前所述，在调用之前，必须先声明函数，所以下面的做法也是正确的。

```
main ()
{
    void a ();
    a ();
```

```
}
void a ()
{
  int num;
  scanf ( %d, &num);
  printf ( %d\n, num);
}
```

一般来说，比较好的程序书写顺序是，先声明函数，然后写主函数，然后再写那些自定义的函数。

既然 main () 函数可以调用别的函数，那么已经定义的函数能不能再调用其他函数呢？答案是可以的。示例如下。

```
void a ();
void b ();
main ()
{
  a ();
}
void a ()
{
  b ();
}
void b ()
{
  int num;
  scanf ( %d, &num);
  printf ( %d\n, num);
}
```

main () 函数先调用 a () 函数，而 a () 函数又调用 b () 函数。在 C 语言里，对调用函数的层数没有严格的限制，但是并不提倡调用的层数太多（除非是递归），因为层数太多，容易混淆且对以后的检查有干扰。

附录B 安装所需元器件清单

表 1　小车的器件清单

器件名称	器件型号	数量	封装	备注
Mini2440 开发板	S3C2440A 400MHz	1	——	5V 供电
玩具小车底盘	——	1	——	——
直流电机	PM－33126000－30k	2	——	8V
电源	锂电池 YSD－08180	2	——	8.4V
稳压电源模块	DC－DC 3A 可调	2	——	24V 转 12V/5V/3V
L298 模块	——	1	SIP 2.54	——
超声波传感器	HC－SR04	1	直插	——
光电开关	E3F－SD30C4	3	——	5V 供电
无线网卡	TL－WN321G＋	1	——	——
DS－18B20	TO－92	1	直插（长约 20mm）	——
杜帮线	——	20	杜帮线	——

附录C 调试所需仪器仪表清单

表1 调试所需仪器仪表

名称	型号和参数	数量
直通铜柱	10mm	20
电路板支架	30＋6mm	20
螺丝	4.5mm＋6mm	20
双面胶		2
螺丝螺母		20
胶枪		1
绝缘胶		2
手电钻		1
斜口钳		1
镊子		1
剥线钳		1
点胶枪		1
尖嘴钳		1
焊锡	0.6/0.8/1.0	15
焊锡架		15

图书在版编目(CIP)数据

小型嵌入式产品开发/刘锰,谭立新,刘海妹主编.—合肥:合肥工业大学出版社,2018.2

ISBN 978-7-5650-3845-7

Ⅰ.①小… Ⅱ.①刘…②谭…③刘… Ⅲ.①Linux操作系统②微处理器—系统开发 Ⅳ.①TP316.85②TP332

中国版本图书馆CIP数据核字(2018)第029169号

小型嵌入式产品开发

刘 锰 谭立新 刘海妹 主编 责任编辑 吴毅明 袁 媛

出 版	合肥工业大学出版社	版 次	2018年2月第1版
地 址	合肥市屯溪路193号	印 次	2018年2月第1次印刷
邮 编	230009	开 本	787毫米×1092毫米 1/16
电 话	艺术编辑部:0551-62903120	印 张	13.75
	市场营销部:0551-62903198	字 数	310千字
网 址	www.hfutpress.com.cn	印 刷	安徽昶颉包装印务有限责任公司
E-mail	hfutpress@163.com	发 行	全国新华书店

ISBN 978-7-5650-3845-7 定价:32.00元